必织棒针手编女装

阿瑛 缪春燕 编著

人 民 邮 电 出 版 社
北 京

图书在版编目（CIP）数据

35款必织棒针手编女装 / 阿瑛，缪春燕编著. -- 北京 : 人民邮电出版社，2018.10
ISBN 978-7-115-48686-8

Ⅰ. ①3… Ⅱ. ①阿… ②缪… Ⅲ. ①女服－毛衣针－编织－图集 Ⅳ. ①TS935.522-64

中国版本图书馆CIP数据核字(2018)第135473号

内 容 提 要

如果你喜欢手工编织的服饰，同时也热衷于用编织充实自己的生活，却又苦于不知从何下手，那么，这本书能帮到你！书中有最百搭的手工女装款式、最经典的编织技法和最快速上手的技巧讲解。

本书精选了35例棒针编织女装的上身效果图，涵盖了开衫、套头毛衣、连衣裙、披肩等多种女装款式，经典百搭；每一张上身效果图都附有对应的编织技法详解，步骤清晰，文字简单易懂，可供零基础的编织新手们参考练习。

◆ 编　　著　阿　瑛　缪春燕
　责任编辑　王雅倩
　责任印制　陈　犇
◆ 人民邮电出版社出版发行　　北京市丰台区成寿寺路11号
　邮编　100164　　电子邮件　315@ptpress.com.cn
　网址　http://www.ptpress.com.cn
　河北画中画印刷科技有限公司印刷
◆ 开本：700×1000　1/16
　印张：10　　　　2018年10月第1版
　字数：341千字　　2018年10月河北第1次印刷

定价：35.00元

读者服务热线：(010)81055296　印装质量热线：(010)81055316
反盗版热线：(010)81055315
广告经营许可证：京东工商广登字20170147号

作者简介

缪春燕

1980 年 3 月出生于江苏江阴——一个鸟语花香的城市。

儿时，便穿着母亲精心编织的手工毛衣成长。每一件衣服都独具匠心，温暖而贴心。

1998 年走出校门，正式投身社会。闲暇时偶有编织各类织物，虽不算完美，但却能一次次体验到成功的喜悦，为平淡的生活增添了一抹亮色。

2012 年春天，因缘际会，加入江苏海特服饰股份公司。也就在那时，她才意识到自己仿佛找到了心灵的归属，认定编织才是她的兴趣所在并愿意为之奋斗。之后，她便开始学习编、织、钩等一系列编织技艺，力求做到精益求精。

2015 年 5 月参与北京宝库国际文化发展有限公司承办的中国首届编织讲师养成杭州班，并有幸得到张金兰老师的亲自指导。同年 9 月取得了日本手艺普及协会新系统 VOGUE 手编织讲师证书。2016 年日本手艺普及协会最新 VOGUE 编织系统指导员课程在读。于 2017 年 4 月取得日本手艺普及协会新系统 VOGUE 手编织指导员证书。同年 11 月取得日本宝库社在中国的 AI 编物制图证书。

目 录 Contents

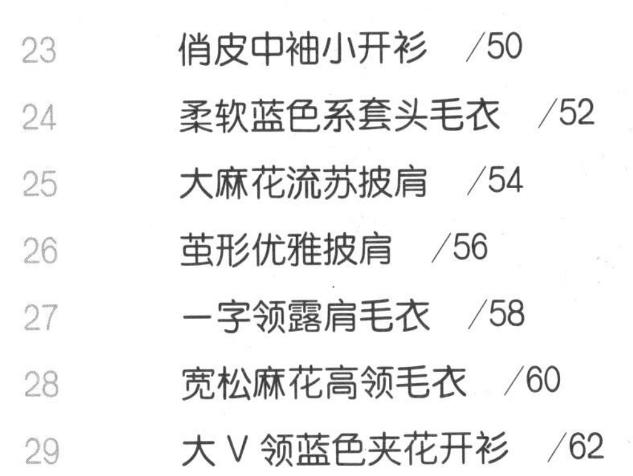

01 典雅绿中袖开衫

编织方法见第78页

线材：清林和弦16#色400g
工具：3.5mm棒针、3.75mm棒针
成品尺寸：衣长48cm、胸围93cm、背肩宽32cm、袖长27.5cm
编织密度：平针编织 24针×31行/10cm
花样编织A、B 24针×33行/10cm

灰调套头短袖衫

编织方法见第81页

- 线材：锦瑟年华12#色500g
- 工具：4.0mm棒针
- 成品尺寸：衣长53.5cm、胸围96cm、背肩宽48cm、袖长17cm
- 编织密度：花样编织 27针×32行/10cm
  平针编织 26针×34行/10cm
  上、下针编织 26针×34行/10cm

03 淑女范双V领短袖衫

编织方法见第83页

线材：清林和弦20#色350g
工具：3.5mm棒针、3.75mm棒针
成品尺寸：衣长65cm、胸围92cm、肩袖长24cm
编织密度：花样编织 29针×36行/10cm
平针编织 26针×36行/10cm

04 气质收腰短袖衫

编织方法见第85页

- 线材：繁星之光10#色400g
- 工具：3.25mm棒针、3.75mm棒针、4.0mm棒针、2.5mm钩针
- 成品尺寸：衣长68cm、胸围86cm、背肩宽32cm、袖长12.5cm
- 编织密度：平针编织 25针×32行/10cm

  花样编织 25针×32行/10cm

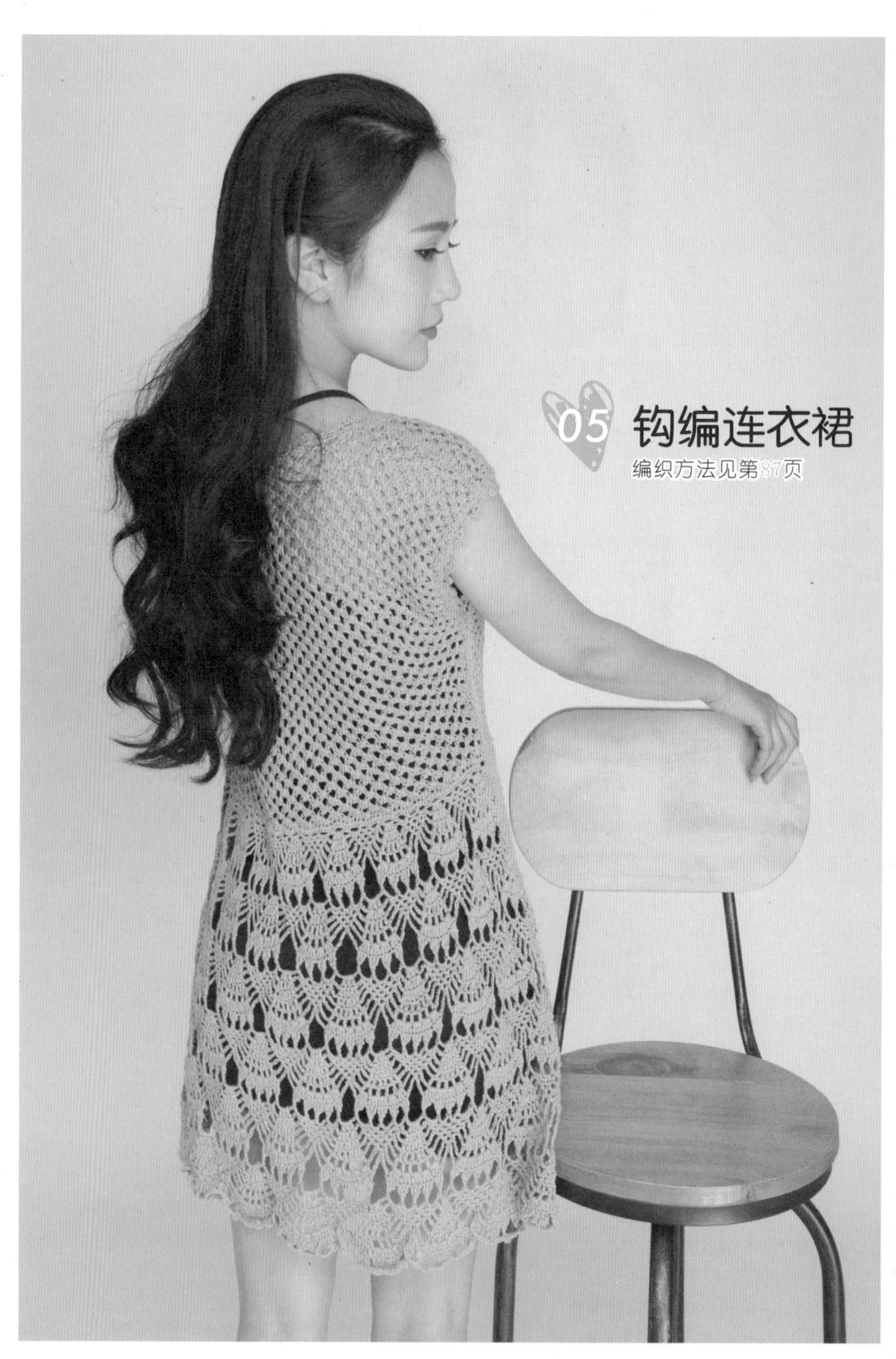

05 钩编连衣裙

编织方法见第87页

- 线材：秋日私语3#色500g
- 工具：3.75mm棒针、2.3mm钩针、2.5mm钩针、3.0mm钩针
- 成品尺寸：裙长70.5cm、胸围92cm、肩袖长15cm
- 编织密度：请参考第87页花样编织图

06 圆梦段染插肩袖短衫

编织方法见第89页

- 线材：彩笺尺素3#色400g
- 工具：3.75mm棒针
- 成品尺寸：衣长61cm、胸围94cm、肩袖长21cm
- 编织密度：平针编织 26针×34行/10cm
  花样编织A、B、C 26针×34行/10cm
  上、下针编织 26针×34行/10cm

07 少女情怀段染毛衣

编织方法见第92页

- 线材：彩笺尺素3#色400g
- 工具：3.75mm棒针
- 成品尺寸：衣长60cm、胸围96cm、肩袖长25cm
- 编织密度：花样编织A、C 22针×80行/10cm
  花样编织B 22针×26行/10cm
  平针编织 22针×26行/10cm

08 深灰高领中袖毛衣

编织方法见第95页

- 线材：SOLOCASHMERE8#色450g
- 工具：3.75mm棒针、4.0mm棒针
- 成品尺寸：衣长52cm、胸围97cm、背肩宽37cm、袖长28cm
- 编织密度：花样编织A、B 23针×26行/10cm
  平针编织 23针×26行/10cm
  双罗纹编织 24针×20行/10cm

09 一字领小麻花毛衣

编织方法见第97页

- 线材：SOLOCASHMERE6#色450g
- 工具：3.5mm棒针、4.0mm棒针
- 成品尺寸：前衣长52cm、后衣长58cm、胸围104cm
- 编织密度：花样编织 30针×25行/10cm

10

浅灰收腰中袖衫

编织方法见第101页

- 线材：WORCESTER1#色450g
- 工具：3.5mm棒针、3.75mm棒针、4.0mm棒针
- 成品尺寸：衣长56cm、胸围91cm、背肩宽35cm、袖长36.5cm
- 编织密度：花样编织A 32针×34行/10cm
  花样编织B 27针×34行/10cm

高雅格调套头衫

编织方法见第105页

- 线材：ZARA MELANGE1914#色500g
- 工具：3.75mm棒针、4.0mm棒针
- 成品尺寸：衣长63cm、胸围92cm、背肩宽38cm、袖长57cm
- 编织密度：花样编织A 25针×28行/10cm

  花样编织B 25针×28行/10cm

12

米白柔美套头衫

编织方法见第107页

- 线材：ZARA MELANBE 1396#色450g
- 工具：3.75mm棒针、4.0mm棒针
- 成品尺寸：衣长52cm、胸围88cm、背肩宽35cm、袖长55cm
- 编织密度：花样编织A、B，平针编织 24针×26行/10cm

13 志田花样育克毛衣

编织方法见第109页

- 线材：晨芽新绿1#色550g
- 工具：3.75mm棒针
- 成品尺寸：衣长53.5cm、胸围92cm、肩袖长66cm
- 编织密度：花样编织A、C 24针×35行/10cm
  花样编织B 24针×33行/10cm

14 钩编彩虹披肩

编织方法见第112页

- 线材：圆舞之风段染线800g
- 工具：2.5mm棒针、2.3.0mm钩针
- 成品尺寸：披肩长62cm、下摆围172cm
- 编织密度：请参考花样编织图

15 粉紫色花边大V领套头衫

编织方法见第114页

- 线材：云翳1#色650g
- 工具：3.5mm棒针
- 成品尺寸：衣长56cm、胸围90cm、背肩宽38cm、袖长54cm
- 编织密度：花样编织A、B、C 27针×33行/10cm

16 大花纹舒适高领毛衣

编织方法见第116页

- 线材：轻舞飞扬20#色550g、素色流年15#色300g
- 工具：3.5mm棒针、4.0mm棒针、4.5mm棒针、5.0mm棒针
- 成品尺寸：衣长58cm、胸围94cm、背肩宽34cm、袖长55cm
- 编织密度：花样编织A 24针×25行/10cm
  花样编织B 22针×25行/10cm

17 蓝色经典蝙蝠袖毛衣

编织方法见第119页

- 线材：静谧绽放9#色500g
- 工具：3.75mm棒针、4.5mm棒针
- 成品尺寸：衣长55cm、胸围92cm、肩袖长55cm
- 编织密度：花样编织A 24针×31行/10cm

  花样编织B 21针×31行/10cm

18 酒红色育克式套头毛衣

编织方法见第122页

- 线材：低眉浅笑7#色500g
- 工具：4.0mm棒针、4.5mm棒针、5.0mm棒针
- 成品尺寸：衣长61.5cm、胸围92cm、肩袖长63.5cm
- 编织密度：花样编织A 20针×27行/10cm
  花样编织B 20针×27行/10cm

19 浅蓝韩款小背心
编织方法见第125页

- 线材：晨曦之爱6#色250g
- 工具：3.75mm棒针
- 成品尺寸：衣长60.5cm、胸围97cm、背肩宽34cm
- 编织密度：花样编织 28针×32行/10cm
  平针编织 28针×32行/10cm

20 圆舞曲韩范大衣

编织方法见第127页

- 线材：轻舞飞扬6#色700g，素色流年7#色200g
- 工具：4.5mm棒针
- 成品尺寸：衣长80.5cm、胸围94cm、背肩宽35cm、袖长54cm
- 编织密度：花样编织 17针×24行/10cm
  平针编织 17针×24行/10cm
  桂花针编织 17针×24行/10cm

灰色温暖堆领毛衣

编织方法见第130页

- 线材：静谧绽放5#色450g
- 工具：3.5mm棒针、4.0mm棒针、4.5mm棒针
- 成品尺寸：衣长52.5cm、胸围94cm、背肩宽34cm、袖长55.5cm
- 编织密度：花样编织 22针×28行/10cm

  平针编织 22针×28行/10cm

22 慵懒舒适插肩毛衣

编织方法见第132页

线材：静谧绽放5#色650g

工具：4.5mm棒针、5.0mm棒针、5.5mm棒针

成品尺寸：衣长60cm、胸围96cm、肩袖长65.5cm

编织密度：花样编织A 28针×31行/10cm

花样编织A′28针×31行/10cm

花样编织B 28针×31行/10cm

23
俏皮中袖小开衫
编织方法见第136页

- 线材：云翳6#色400g
- 工具：4.0mm棒针
- 成品尺寸：衣长49.5cm、胸围98.5cm、肩袖长41cm
- 编织密度：花样编织 20针×34行/10cm
  上、下针编织 20针×34行/10cm

24 柔软蓝色系套头毛衣

编织方法见第137页

- 线材：轻舞飞扬19#色400g
- 工具：5.0mm棒针
- 成品尺寸：衣长55cm、胸围100cm、背肩宽37cm、袖长52cm
- 编织密度：花样编织 17针×25行/10cm
  上、下针编织 17针×25行/10cm

- 线材：彩云双翼13#色800g
- 工具：6.5mm棒针
- 成品尺寸：披肩长95cm（含流苏）、宽120cm
- 编织密度：花样编织A、C 16针×14行/10cm
  花样编织B 16针×17行/10cm

25 大麻花流苏披肩

编织方法见第138页

26 茧形优雅披肩

编织方法见第140页

线材：轻舞飞扬16#色400g、低眉浅笑6#色400g
工具：3.75mm棒针、4.5mm棒针
成品尺寸：披肩长107cm、披肩围宽200cm
编织密度：花样编织 19针×15行/10cm

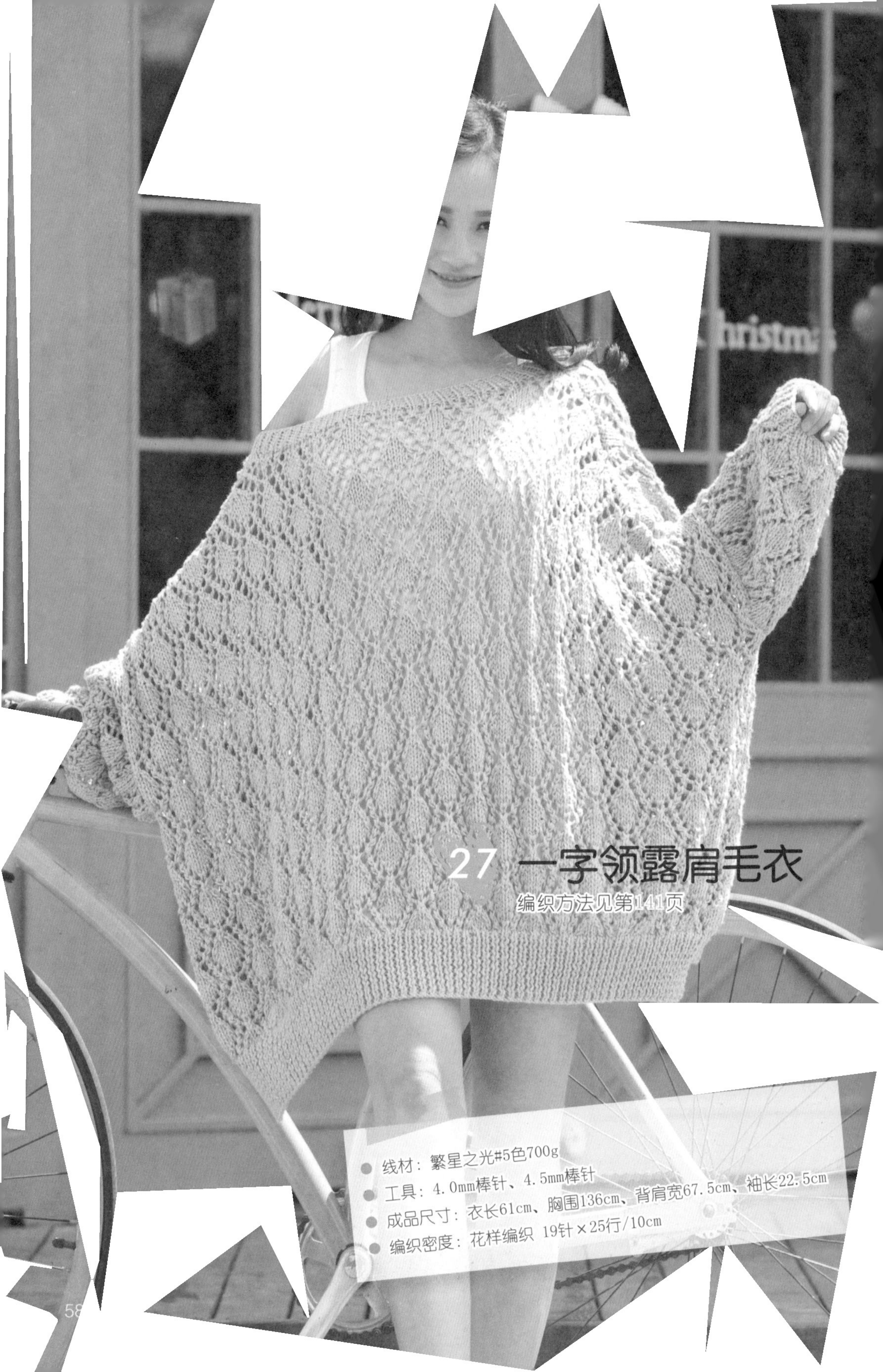

27 一字领露肩毛衣

编织方法见第141页

- 线材：繁星之光#5色700g
- 工具：4.0mm棒针、4.5mm棒针
- 成品尺寸：衣长61cm、胸围136cm、背肩宽67.5cm、袖长22.5cm
- 编织密度：花样编织 19针×25行/10cm

Christmas

28 宽松麻花高领毛衣

编织方法见第143页

- 线材：ZARA PLUS465#色700g
- 工具：4.5mm棒针
- 成品尺寸：衣长60cm、胸围96cm、背肩宽48cm、袖长39.5cm
- 编织密度：请参考第143页花样编织图

29

大V领蓝色夹花开衫

编织方法见第146页

- 线材：HALIFAX3#色800g
- 工具：5.5mm棒针、6.0mm棒针
- 成品尺寸：衣长64.5cm、胸围104.5cm、背肩宽43cm、袖长54cm
- 编织密度：平针编织 14针×22行/10cm
  上针编织 14针×22行/10cm
  花样编织 14针×22行/10cm

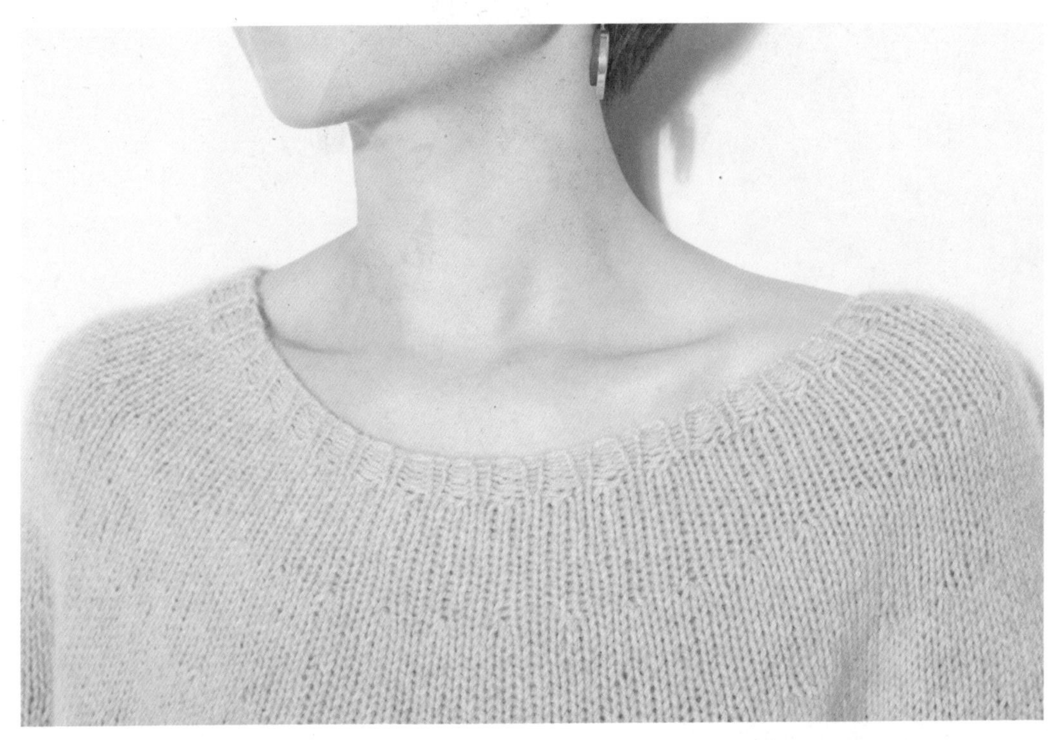

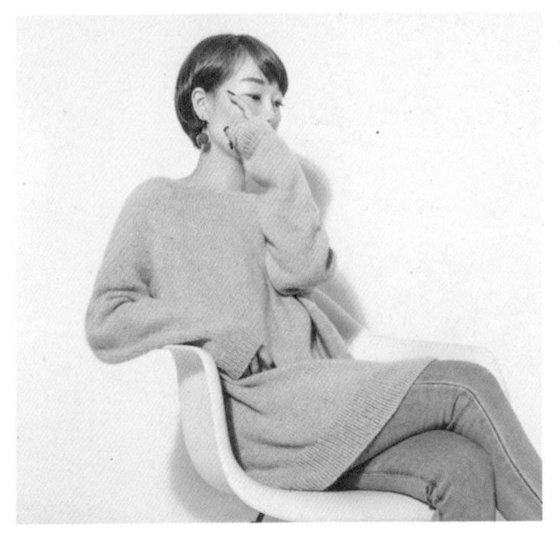

简约长款平针毛衣

编织方法见第149页

● 线材：NAZCA2#色500g
● 工具：3.75mm棒针、4.5mm棒针
● 成品尺寸：衣长63cm、胸围90cm、肩袖长63cm
● 编织密度：平针编织 20针×28行/10cm

杰西卡大口袋开衫

编织方法见第151页

- 线材：RUSTIC04#色1100g
- 工具：3.5mm棒针、4.0mm棒针
- 成品尺寸：衣长61cm、胸围102.5cm、肩袖长70cm
- 编织密度：平针编织 21针×29行/10cm
  花样编织 21针×29行/10cm

32 段染凤尾花毛衣

编织方法见第153页

- 线材：叠秋风6#色600g
- 工具：2.5mm棒针、2.75mm棒针
- 成品尺寸：衣长64cm、胸围98cm、背肩宽40cm、袖长62.5cm
- 编织密度：花样编织A 32针×40行/10cm
  花样编织B 32针×40行/10cm

33 紫薇波浪摆披肩

编织方法见第156页

- 线材：SUPERIOR104#色50g
- 工具：3.0mm棒针、3.25mm棒针
- 成品尺寸：披肩长170cm、宽50cm
- 编织密度：请参考第156页花样编织图

34 元宝针围巾、帽子

编织方法见第158页

- 线材：暖阳3#色1000g
- 工具：7.0mm棒针、7.5mm棒针
- 成品尺寸：（帽子）帽深28cm、帽围50cm
  （围脖）围脖长130cm、宽20cm
- 编织密度：请参考第158页花样编织图

35 姜黄色大麻花围巾、帽子

编织方法见第160页

- 线材：暖阳15#色1000g
- 工具：7.0mm棒针、7.5mm棒针
- 成品尺寸：（帽子）帽深28cm、帽围100cm
  （围巾）围巾长160cm、宽30cm
- 编织密度：请参考第160页花样编织图

本书所用线材一览

本册图书所用线材均源自如意鸟品牌，若需购买同款线材工具，可在淘宝搜索“如意鸟服饰旗舰店”。

如意鸟服饰旗舰店

序号	名称	成分	用针	密度	支数	球重	米数
01	清林和弦	95%棉，5%锦纶	3.5mm	29针×41行/10cm	3.3NM	苹果球50g	165
02	晨曦之爱	70%竹棉，30%棉	2.5mm	41针×52行/10cm	4.3NM	纸管打球50g	215
03	晨芽新绿	25%羊毛，75%腈纶	4.5mm	20针×29行/10cm	2.3NM	长球50g	115
04	彩笺尺素	100%丝光棉	3.5mm	25针×35行/10cm	2.6NM	长球50g	130
05	叠秋风	100%超细美丽诺羊毛	2.75mm	30针×44行/10cm	3NM	蛋糕球50g	150
06	圆舞之风	100%羊毛	2.5mm	26针×33行/10cm	3.6NM	苹果球50g	180
07	暖阳（悦动青春）	85%腈纶，15%锦纶	9mm	13针×19行/10cm	0.69NM	长球100g	69
08	彩云双翼	30%羊毛，70%腈纶	6.5mm	11针×15行/10cm	0.8NM	长球100g	80
09	低眉浅笑	100%羊毛	3.25mm	29针×36行/10cm	4NM	苹果球50g	200
10	云翳	50%羊毛，25%腈纶，25%锦纶	4mm	23针×30行/10cm	2.1NM	苹果球50g	105
11	繁星之光	48%棉，48%腈纶，4%涤纶	4mm	22针×30行/10cm	2.5NM	纸管打球50g	125
12	锦瑟年华	41%粘胶，59%棉	2.5mm	28针×42行/10cm	4NM	纸管打球50g	200
13	轻舞飞扬	0%腈纶，25%羊毛，25%马海毛	3mm	32针×44行/10cm	8NM	长球50g	400
14	静谧绽放	30%羊驼毛，25%羊毛，45%腈纶	3.5mm	21针×27行/10cm	2.6NM	长球50g	131
15	素色流年	50%羊毛，25%腈纶，25%锦纶	4mm	23针×30行/10cm	2.1NM	苹果球50g	105
16		70%羊绒，25%丝，5%毛	3mm	23针×25行/10cm	12NM	25g	300
17		100%超细超耐洗美利奴羊毛	3.5mm	23针×31行/10cm	2.4NM	50g	125
18		68%毛，19%聚酰胺，8%棉，5%马海	6mm	13针×15行/10cm	1NM	50g	50
19	Melange	100%超耐洗羊毛	5mm	15针×22行/10cm	1.3NM	50g	65
20		75%婴儿羊驼毛，25%聚酰胺	5mm	18针×26行/10cm	2.4NM	50g	120
21	Solid	100%超细超耐洗美利奴羊毛	4.5mm	18针×20行/10cm	1.5NM	50g	75
22		100%羊绒	4mm	20针×21行/10cm	3.2NM	25g	80
23	Melange	100%超细超耐洗美利奴羊毛	3.5mm	23针×31行/10cm	2.4NM	50g	125

NO.01 典雅绿中袖开衫

编织要点

后身片：用手指挂线起126针，编织10行花样B。接着编织62行平针和16行花样A，收袖窿。最后6行收后领，肩部做往返编织。

前身片：按相同要领起针编织，编织左、右2片。

袖片：用手指挂线起82针，编织10行花样B，26行平针，16行花样A，接着开始收袖山。

缝合：所有织片完成后便可开始缝合。将身片的肩部正面相对盖针钉缝；身片腋下两侧、袖下接缝；领和前衣襟分别挑针编织19行花样B，最后将衣身与袖片引拔接缝，完成。

结构图

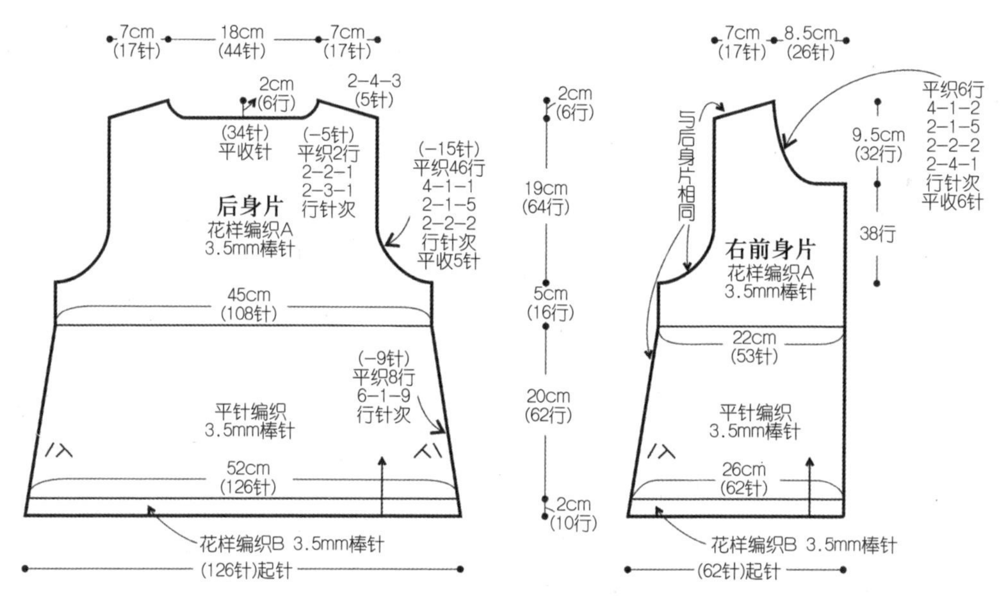

※ 左前身片和右前身片左右对称编织

领、衣襟

花样编织B 3.75mm棒针

(43针)挑针

4cm (19行)

(27针)挑针

(5针)扣眼

(2针)扣眼

(10针)挑针

(79针)挑针

86针

(4针)挑针

4cm (19行)

扣眼编织

右前衣襟

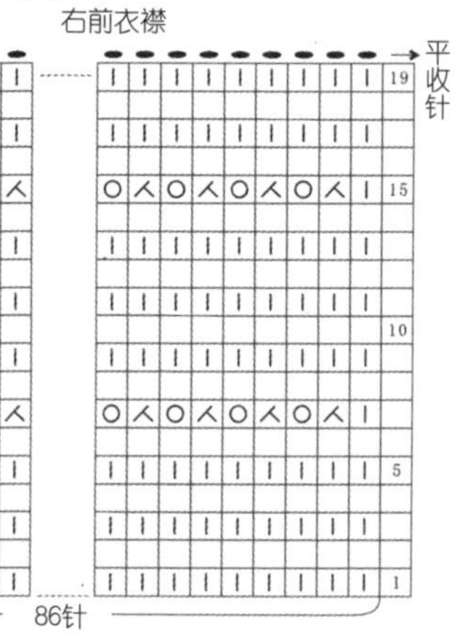

5针 2针 86针

□ = ⊟ = 上针

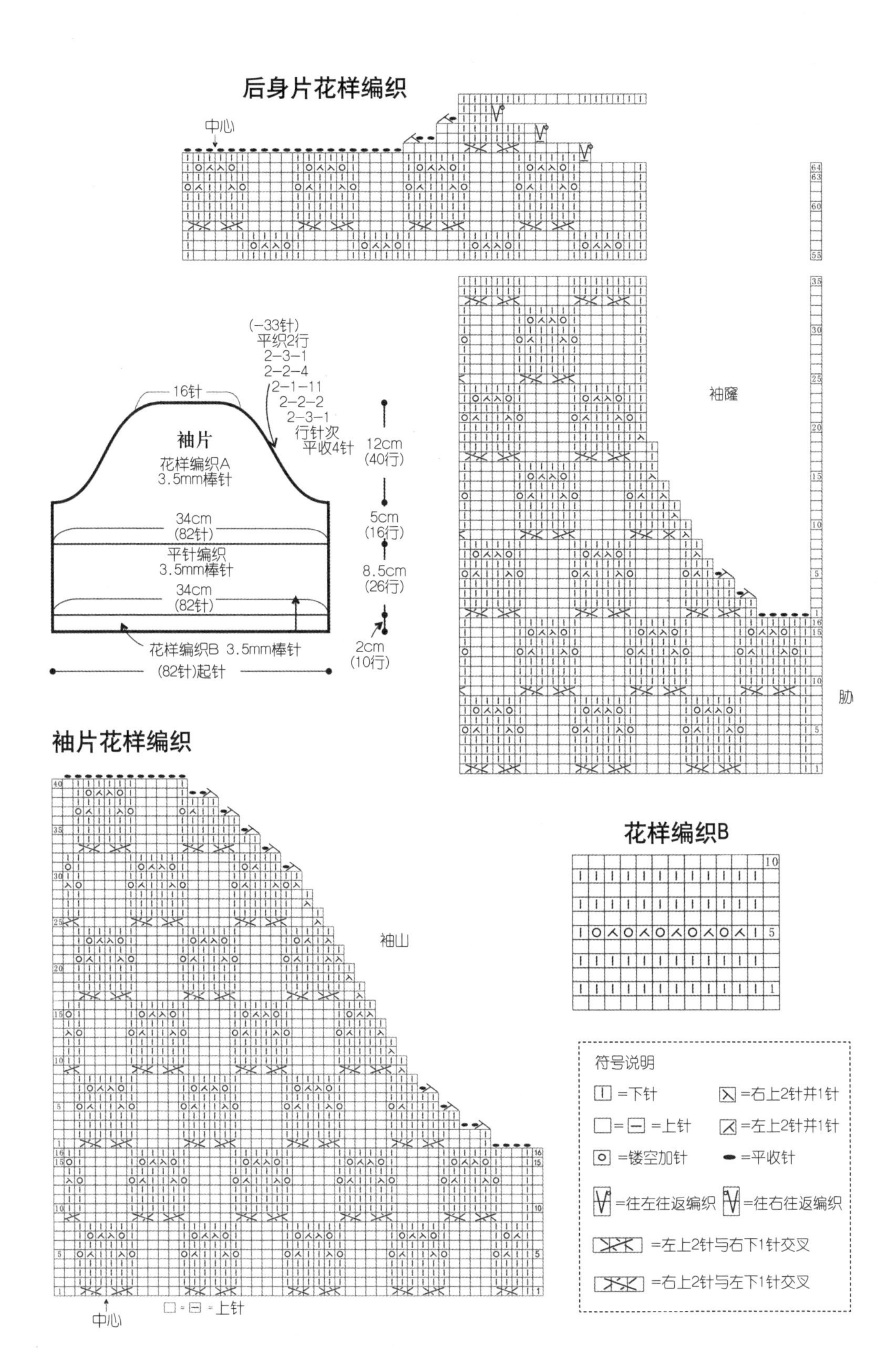
后身片花样编织
中心
袖隆
肋
(-33针)
平织2行
2-3-1
2-2-4
2-1-11
2-2-2
2-3-1
行针次
平收4针
16针
袖片
花样编织A
3.5mm棒针
12cm
(40行)
5cm
(16行)
34cm
(82针)
平针编织
3.5mm棒针
8.5cm
(26行)
34cm
(82针)
花样编织B 3.5mm棒针
2cm
(10行)
(82针)起针
袖片花样编织
袖山
中心
□=⊟=上针
花样编织B
符号说明
=下针
=右上2针并1针
□=⊟=上针
=左上2针并1针
=镂空加针
=平收针
=往左往返编织
=往右往返编织
=左上2针与右下1针交叉
=右上2针与左下1针交叉

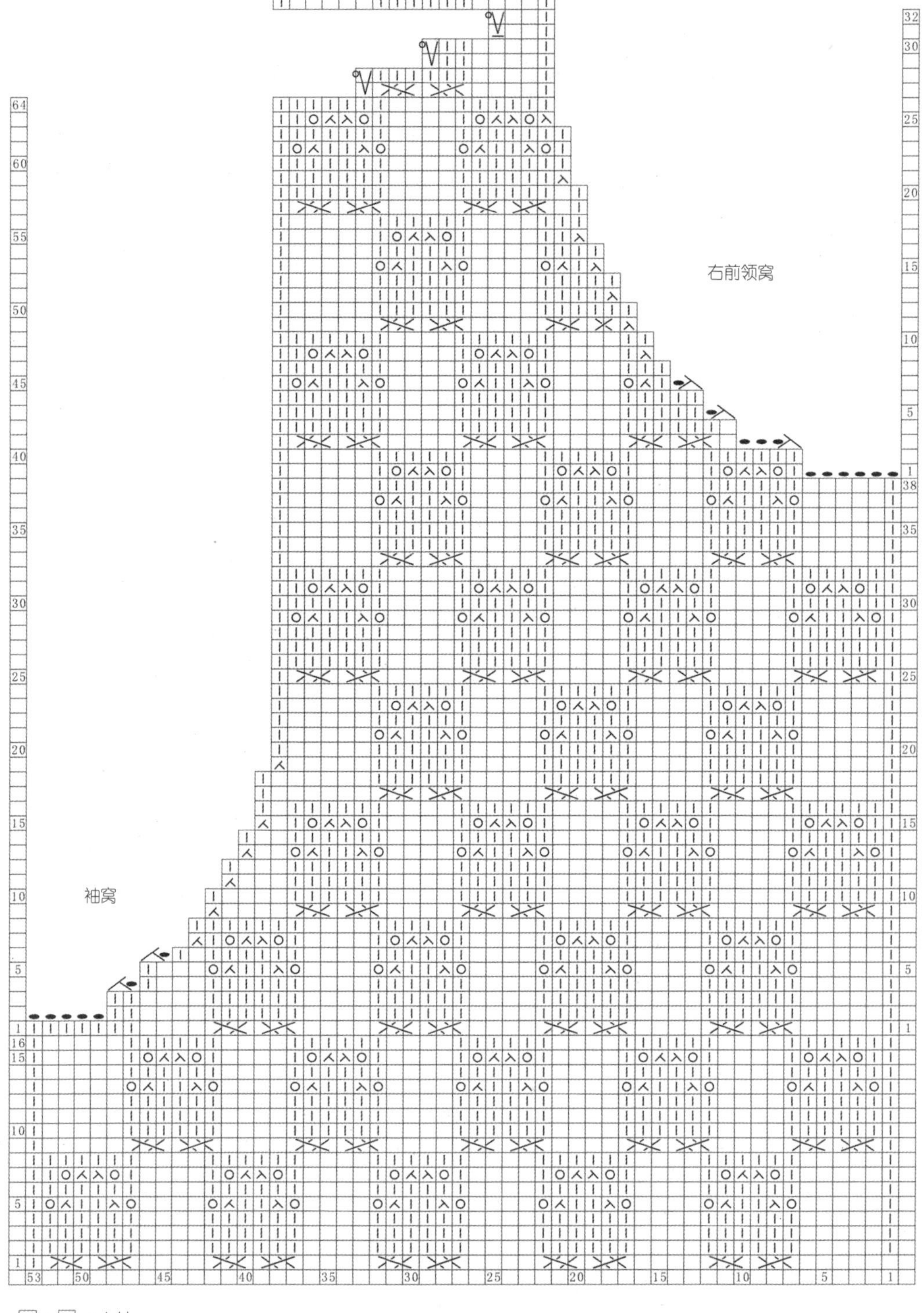
右前身片花样编织
右前领窝
袖窝
= ⊟ = 上针

NO.02 灰调套头短袖衫

编织要点

前、后身片：分别起130针，编织6行上、下针。接着编织102行花样，在袖口挑针止点上作记号，领窝中心处平收针，两侧用2针并1针法收针编织，肩部平收针。

缝合、挑针：将身片肩部正面相对做引拔钉缝。

袖片：从前后身片的相应位置，挑取相应的针数，圈织50行平针，8行上、下针，两侧按图解各减11针，编织结束时平收针。

领口：共挑142针，圈织8行上、下针，以平收针结束编织。

结构图

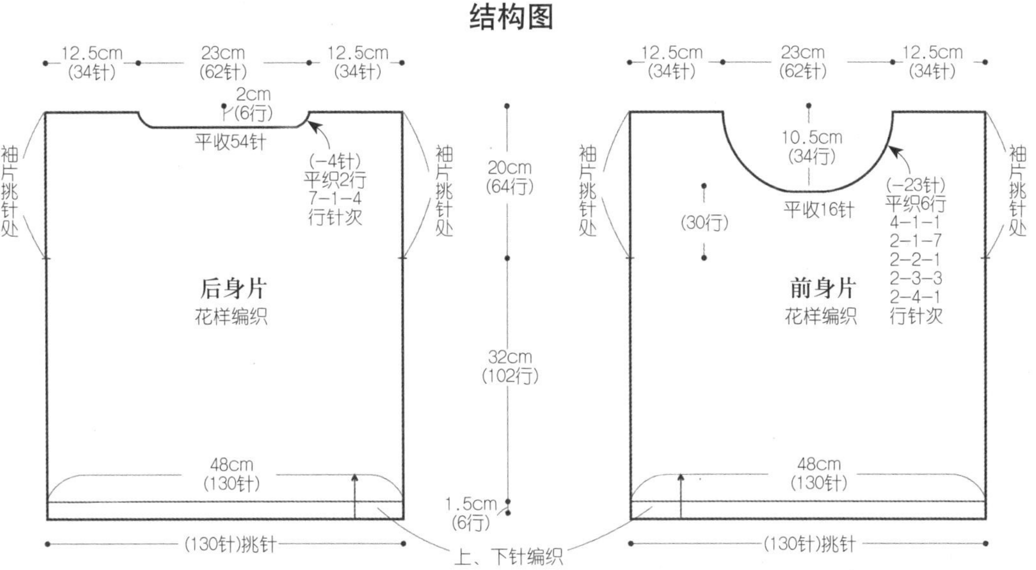

花样编织

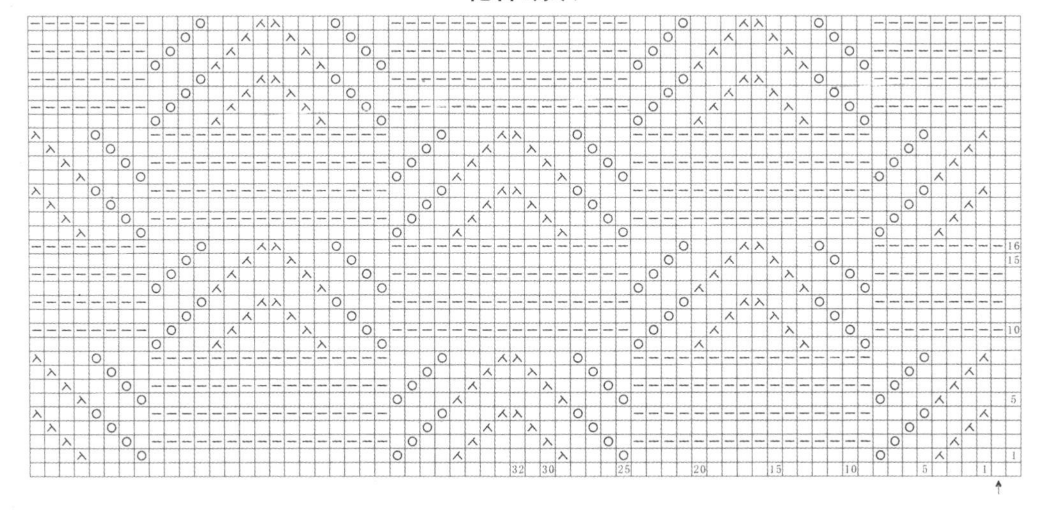

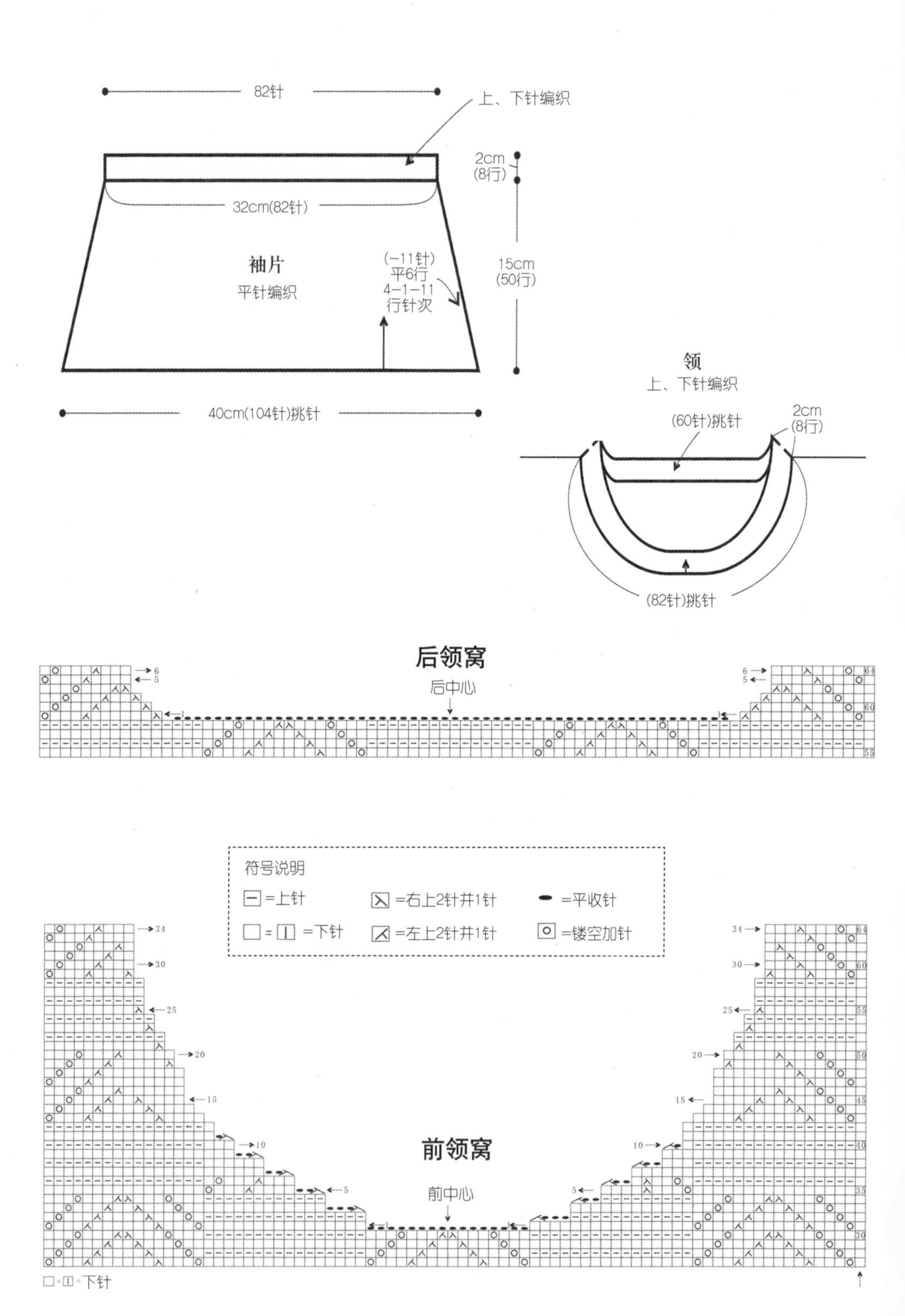

82针
上、下针编织
2cm
(8行)
32cm(82针)
袖片
平针编织
(-11针)
平6行
4-1-11
行针次
15cm
(50行)
40cm(104针)挑针
领
上、下针编织
(60针)挑针
2cm
(8行)
(82针)挑针
后领窝
后中心
符号说明
=上针
=右上2针并1针
=平收针
= =下针
=左上2针并1针
=镂空加针
前领窝
前中心
=下针

NO.03 淑女范双V短袖衫

编织要点

前、后身片：分别用另线锁针法起140针，编织140行花样。按图解所示编织，在袖口下及两侧减少缝份的针数，左右两侧各另线起10针，并与前后身片原有针数一起合并往上编织。前、后中心分别按图解收领口，肩部做往返编织。

挑针：前、后片下摆各挑147针，编织2行上、下针，最后用较松散的上针平收针。

缝合：将身片肩部正面相对引拔钉缝，衣领与袖口挑针，织扭针单罗纹。袖口下另线起10针，用下针编织钉缝，身片腋下两侧用挑针接缝。

结构图

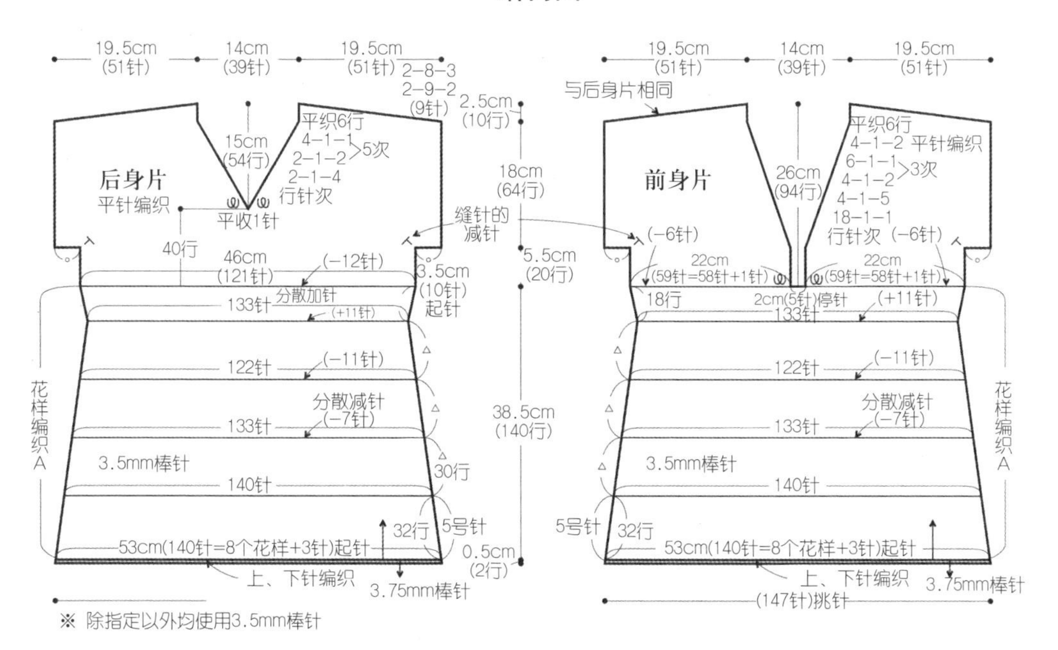

上、下针编织

下摆

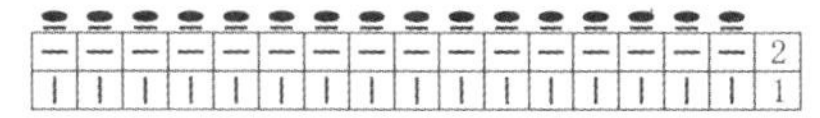

= 上针的平收针

扭针单罗纹编织

衣领

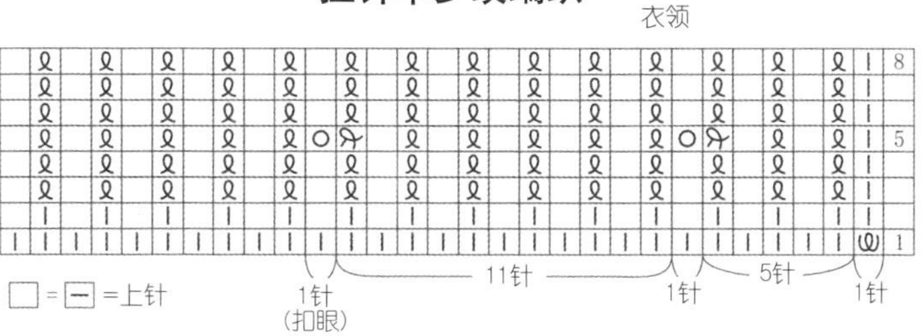

□ = ⊟ = 上针

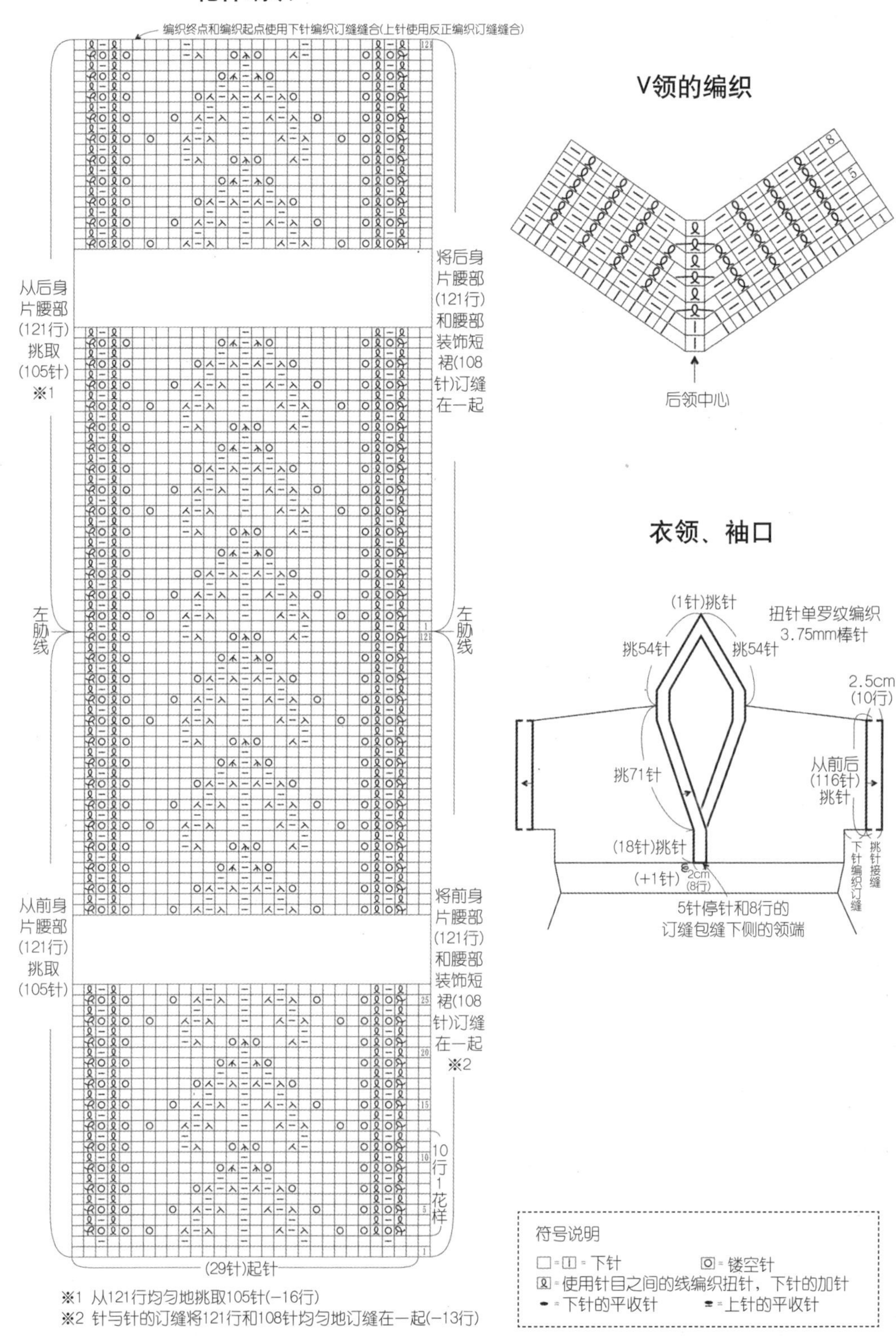

※1 从121行均匀地挑取105针(−16行)

※2 针与针的订缝将121行和108针均匀地订缝在一起(−13行)

符号说明

□=□=下针　　◎=镂空针

ℓ=使用针目之间的线编织扭针，下针的加针

•=下针的平收针　　•=上针的平收针

NO.04 气质收腰短袖衫

编织要点

前、后身片：各起103针，织完花样和平针后，换针号调整密度，继续编织38行花样，并开始收袖窿和领口，最后在肩部进行往返编织。

袖片：起80针，编织平针，平织2行开始收袖山，袖口用钩针挑针钩缘编织。

缝合：将前、后身片肩部正面相对做引拔钉缝，侧缝和袖下做挑针接缝。

缘编织：前领襟用钩针钩7行缘编织，最后继续挑领钩5行缘编织。完成。

结构图

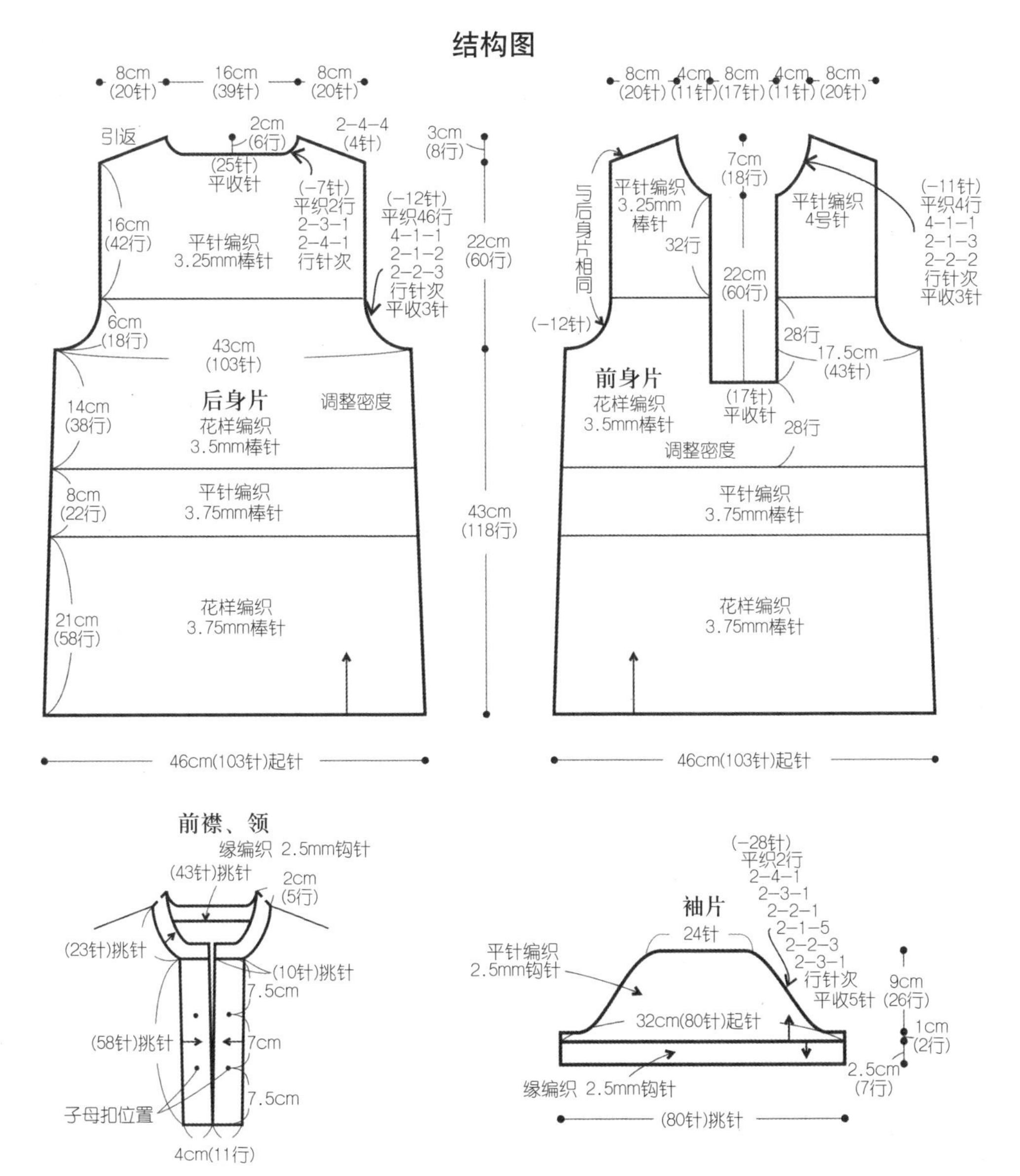

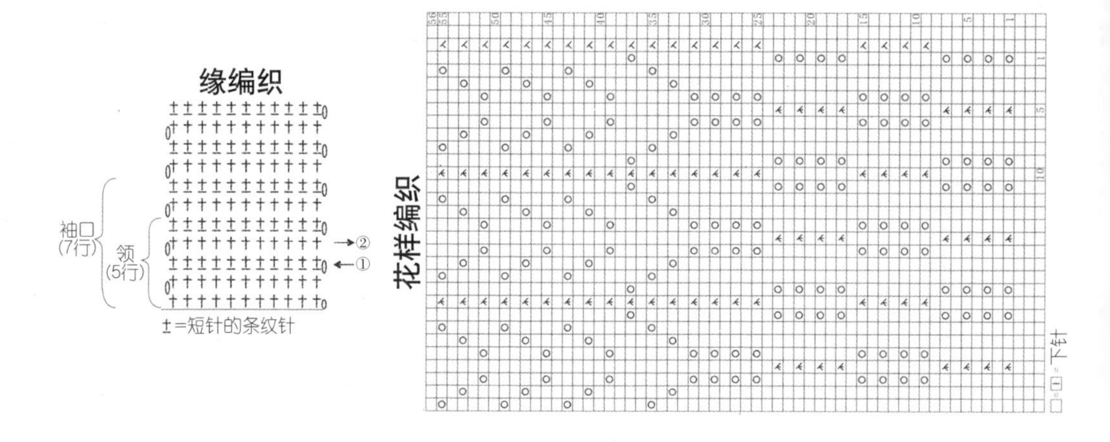

缘编织
袖口
(7行)
领
(5行)
→②
←①
±=短针的条纹针
花样编织
□=□=下针

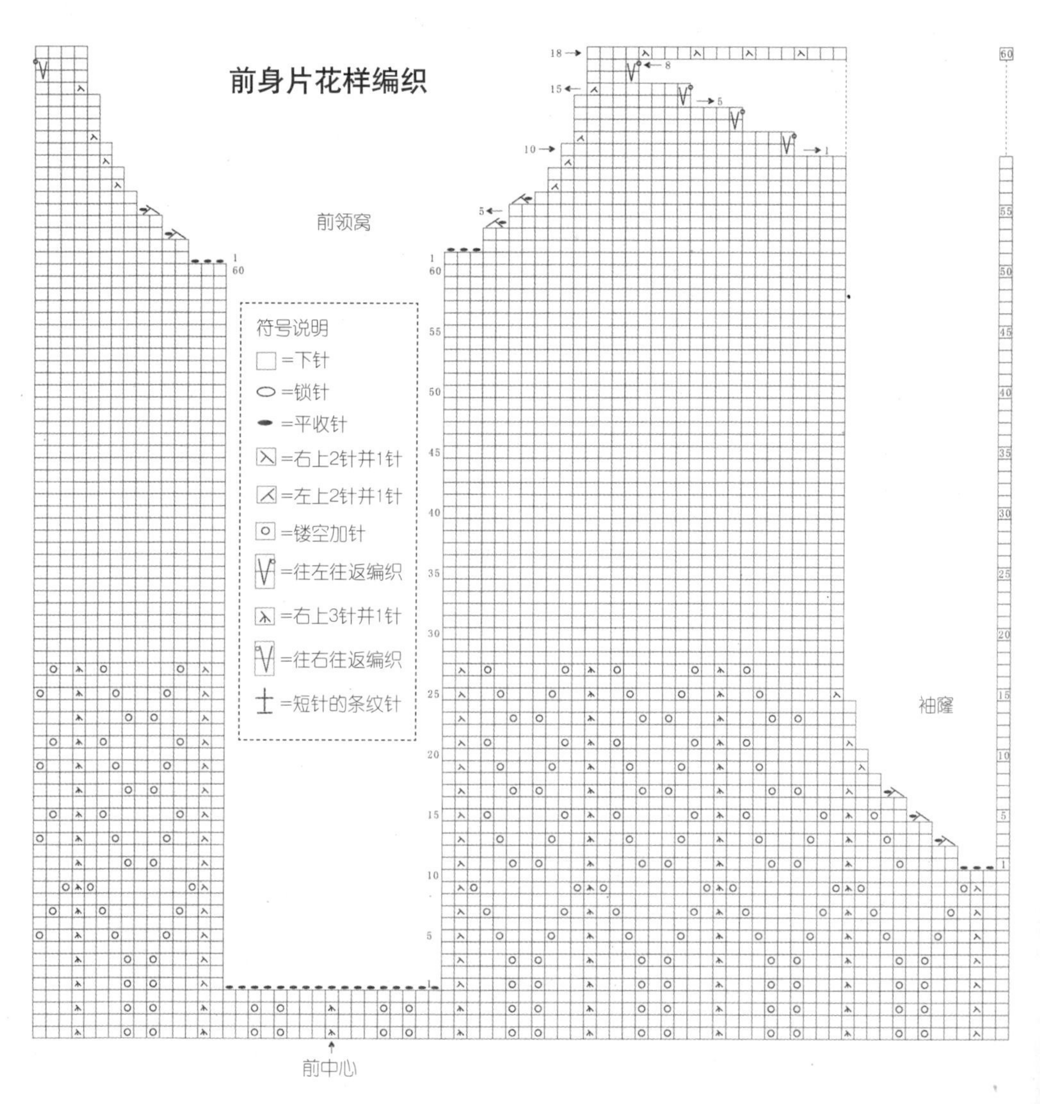

前身片花样编织
前领窝
符号说明
□=下针
○=锁针
●=平收针
⋋=右上2针并1针
⋌=左上2针并1针
○=镂空加针
=往左往返编织
⋏=右上3针并1针
=往右往返编织
±=短针的条纹针
袖窿
前中心

NO.05 钩编连衣裙

编织要点

前后身片：分别起146针片织编织花样A，左右两侧收腰部分各加8针，编至合适长度开始收前、后领口。

缝合：将前后身片分别相对缝合，并留出袖口位置不缝合。

裙摆：在前后身片起针处往反方向挑280针圈钩，用针号的大小来调节裙摆花样的大小，分别用2.3mm钩针钩16行、2.5mm钩针钩8行、3.0mm钩针钩8行，结束裙摆编织。

缘边：将领、袖口分别挑针，参考缘边花样钩3行缘编织。结束。

结构图

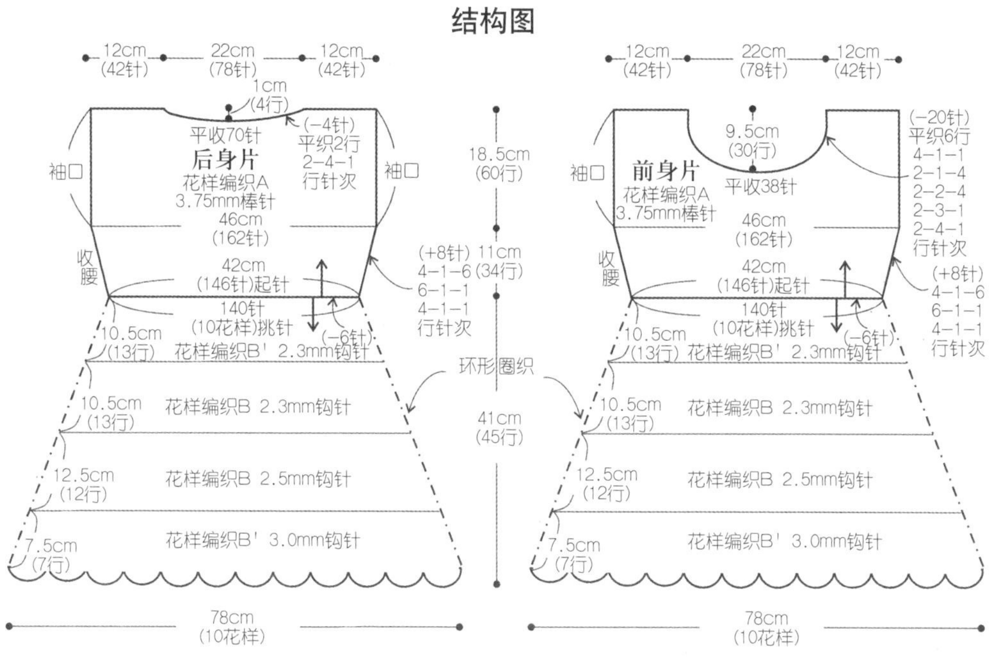

领、袖口

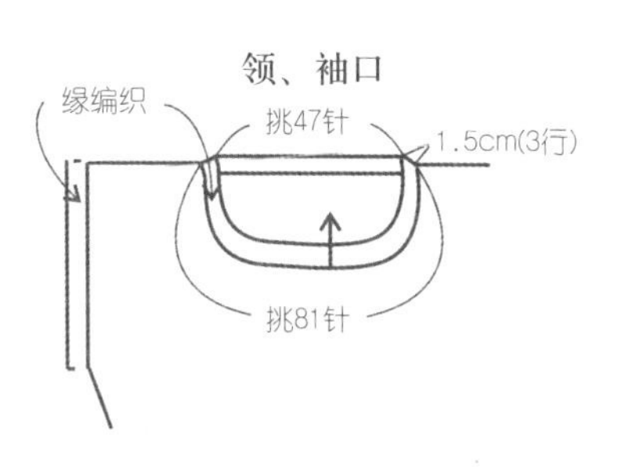

花样编织A

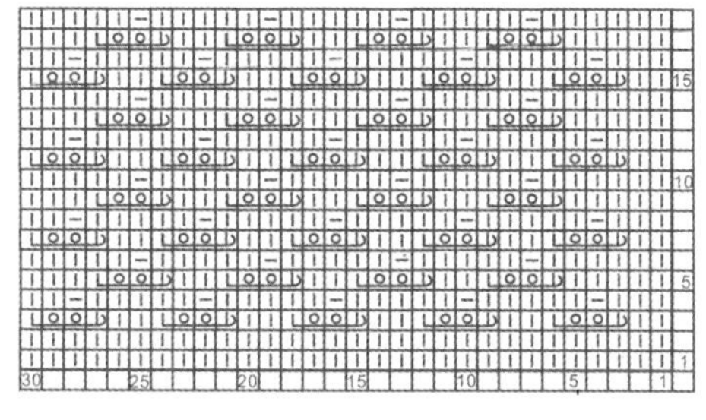

缘编织

领、袖口

← 3

← 1

符号说明

| =下针

— =上针

⋌ =右上2针并1针

ℓ =扭针加针

下挂下 =穿过左针编织的3针

下挂挂下 =穿过左针编织的4针

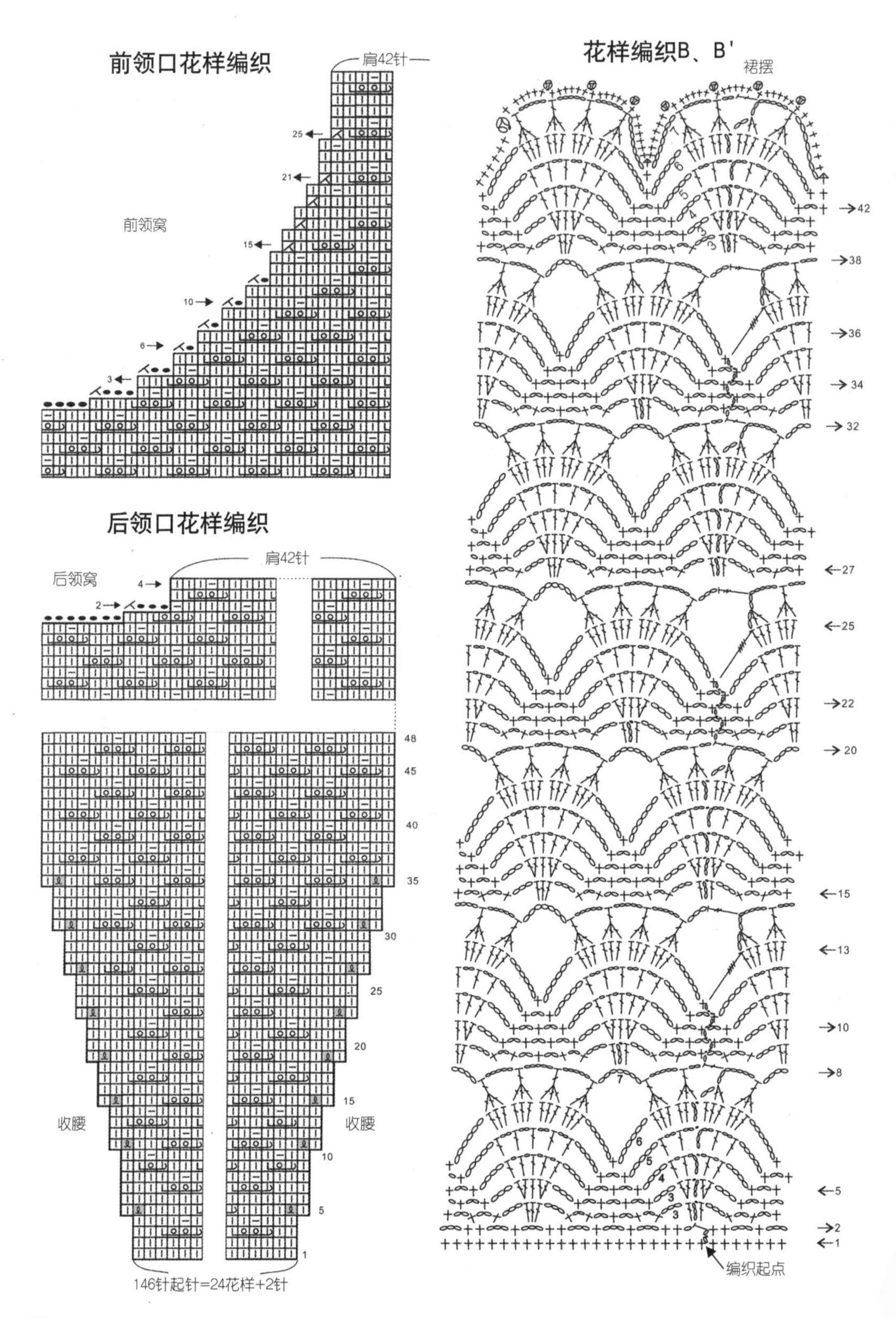
前领口花样编织
肩42针
前领窝
25
21
15
10
6
3
后领口花样编织
肩42针
后领窝
4
2
48
45
40
35
30
25
20
15
10
5
1
收腰
收腰
146针起针=24花样+2针
花样编织B、B'
裙摆
42
38
36
34
32
27
25
22
20
15
13
10
8
5
2
1
编织起点

NO.06 圆梦段染插肩袖短衫

编织要点

前身片：衣服分前、后片编织，前片起109针，按花样织完77行。然后织63行平针，第64行开始收插肩线，腋下各平收4针，插肩部分按图解收针。最后余49针，正面平收。

后身片：后片与前片相同，插肩处按图解收针，比前片多织22行，形成落差前领，收完针后同样使用平收针法。

袖片：袖片起84针，按花样编织，同时按图解减针。最后余下2针，反面结束。

缝合：将织好的袖片，衣身按相应位置缝合，编织完成，不用挑领。

结构图

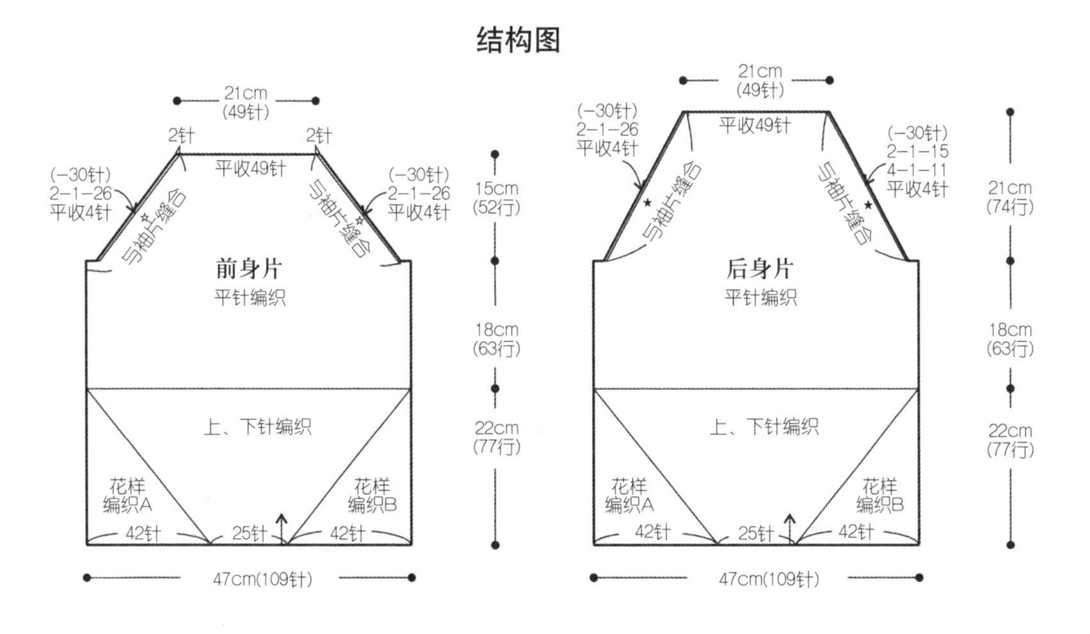

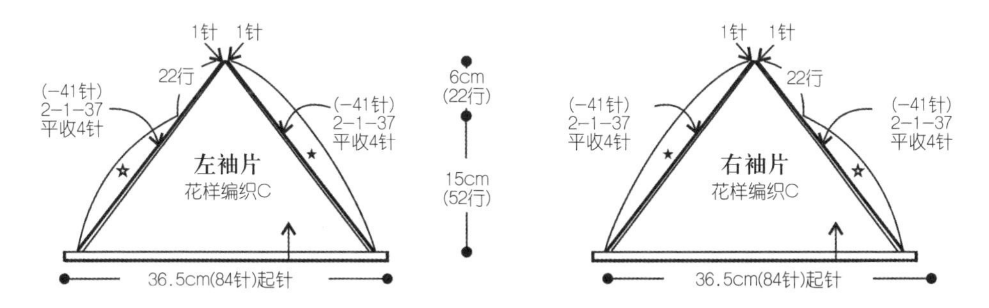

袖片★位置与后片的★位置缝合
袖片☆位置与前片的☆位置缝合

前身片花样及减针

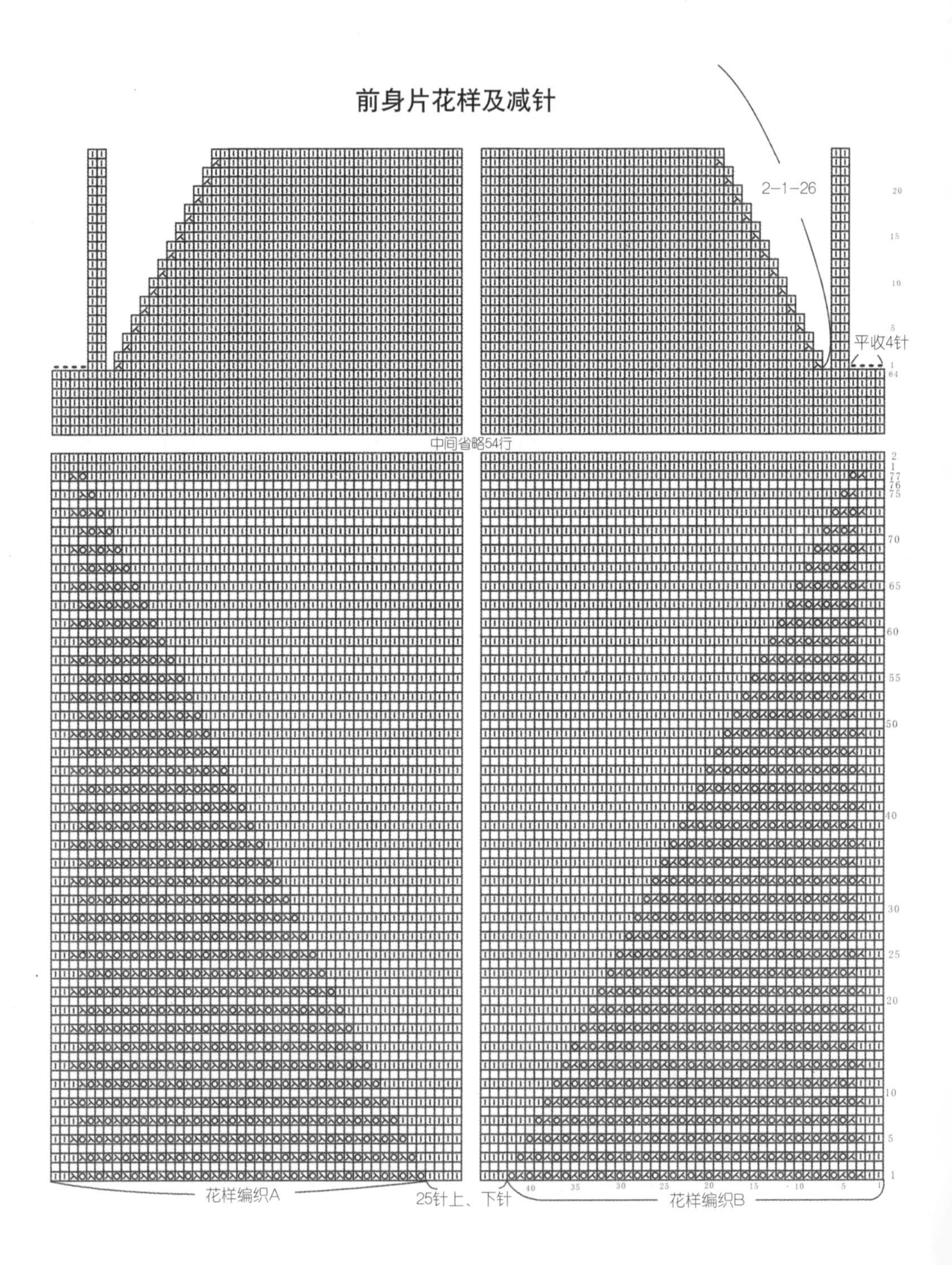

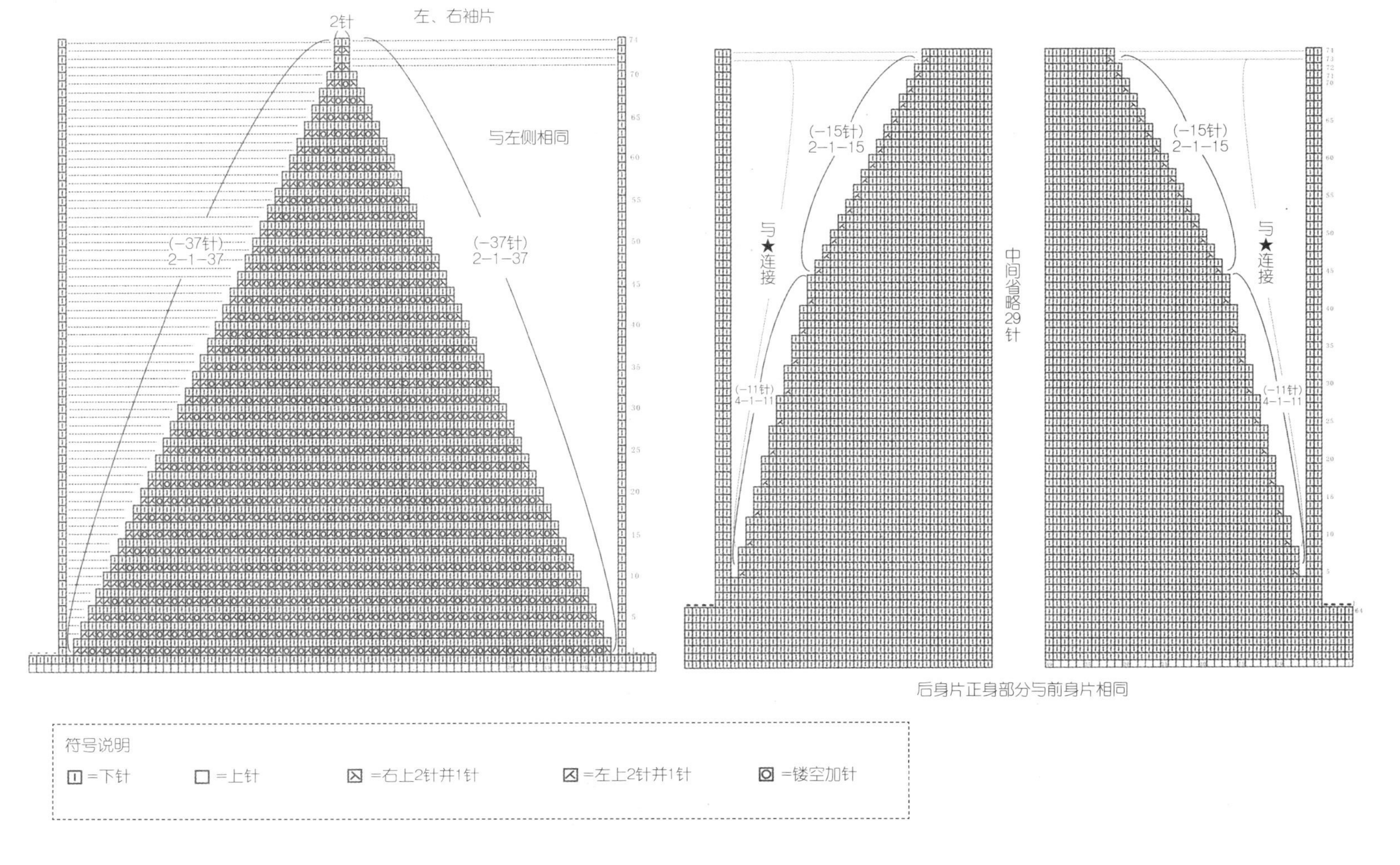

花样编织C
左、右袖片
2针
与左侧相同
(−37针)
2−1−37
(−37针)
2−1−37
后身片插肩减针编织
(−15针)
2−1−15
与★连接
(−11针)
4−1−11
中间省略29针
(−15针)
2−1−15
与★连接
(−11针)
4−1−11
后身片正身部分与前身片相同
符号说明
=下针
=上针
=右上2针并1针
=左上2针并1针
=镂空加针

NO.07 少女情怀段染毛衣

编织要点

后身片：衣服分前、后片编织，后片起107针，先织40行花样A，再织60行平针后，按花样B排花。编织6行花样B并开始按图解在腋下加针，加到相应的针数后，不加不减往上织44行，开始肩部往返编织，第56行减后领窝。

前身片：前片与后片织法一样，正身按图解加到相应针数后，不加不减往上织到36行减前领窝，第44行开始肩部往返编织。

挑针：领子挑126针，按图解编织18行花样C后收针。袖口挑76针，织法与领子相同。

结构图

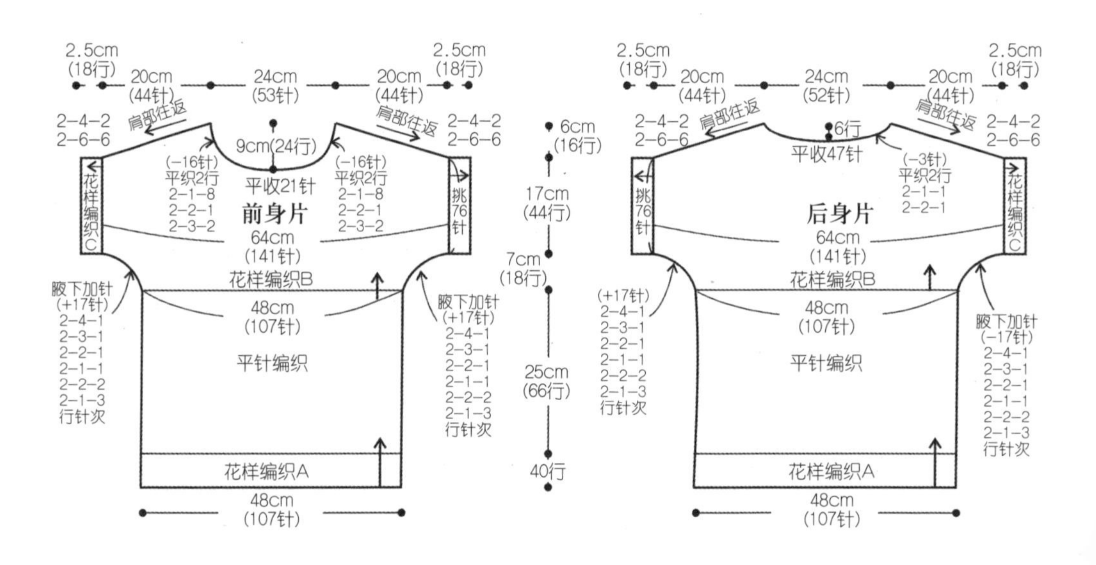

花样编织C

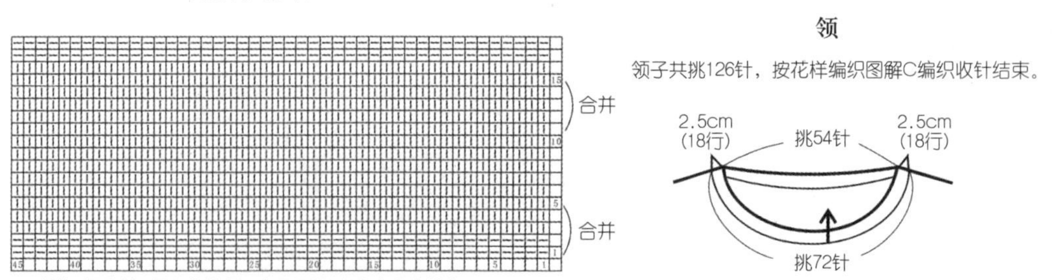

C=将第1行和第5行合并编织，在正面形成凸出来的棱条。

花样编织A

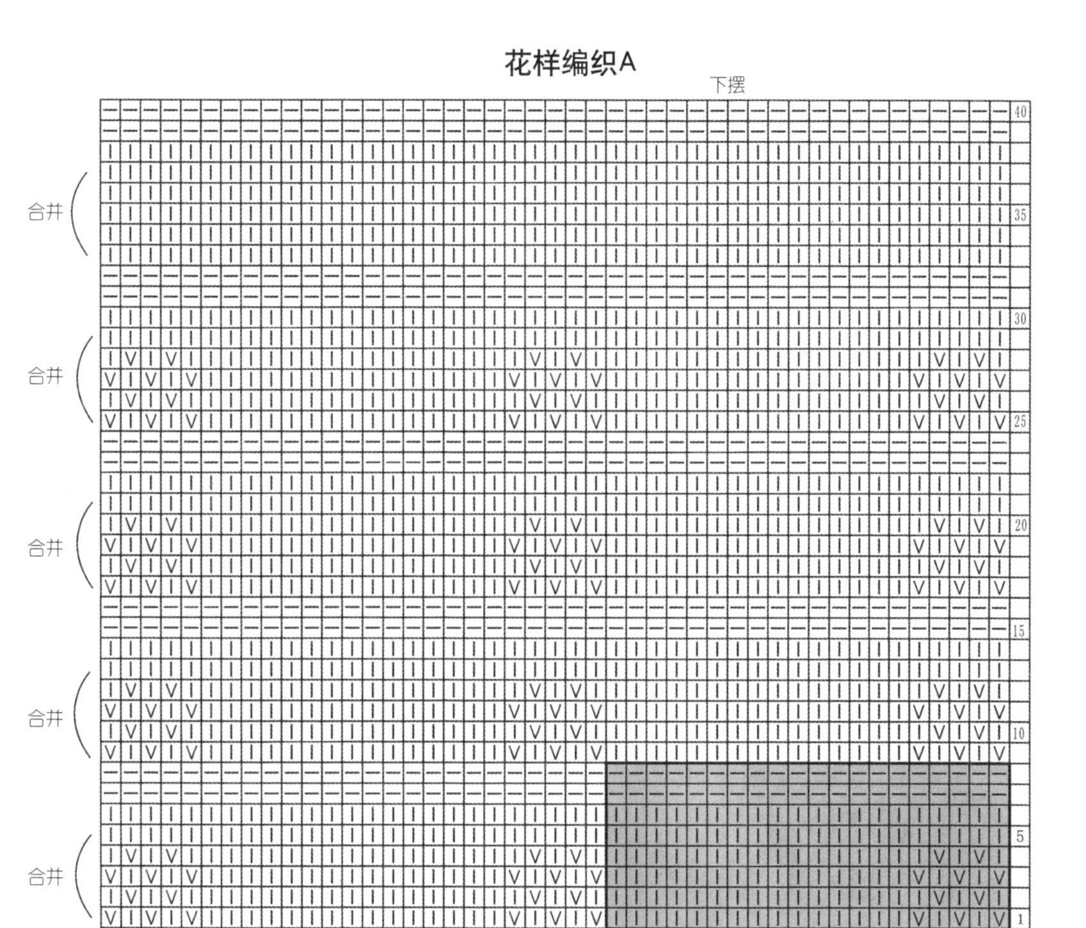

※ 第1行与第5行合并编织，在正面形成凸出来的棱条形。

花样编织B

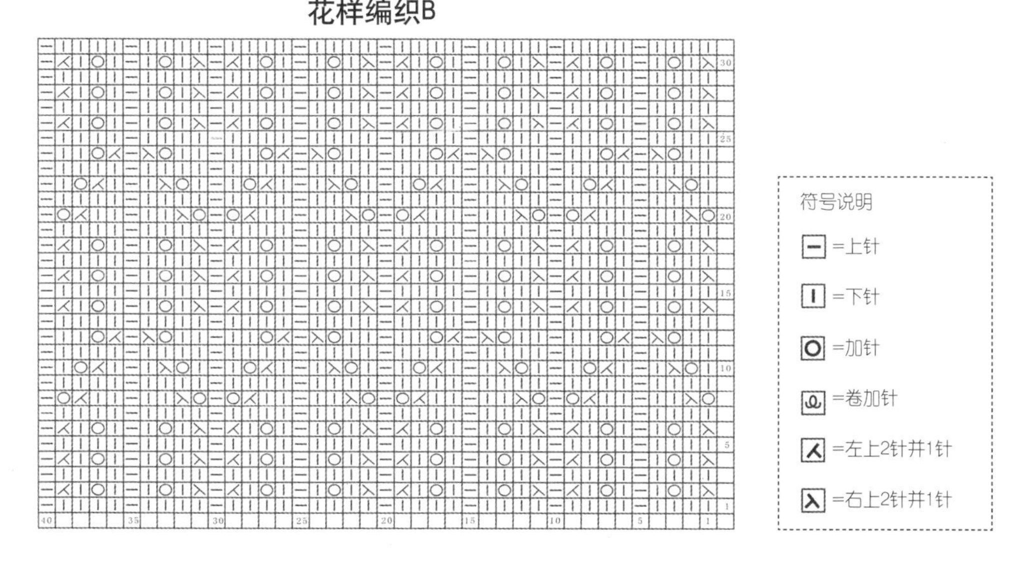

前片肩部领口图解

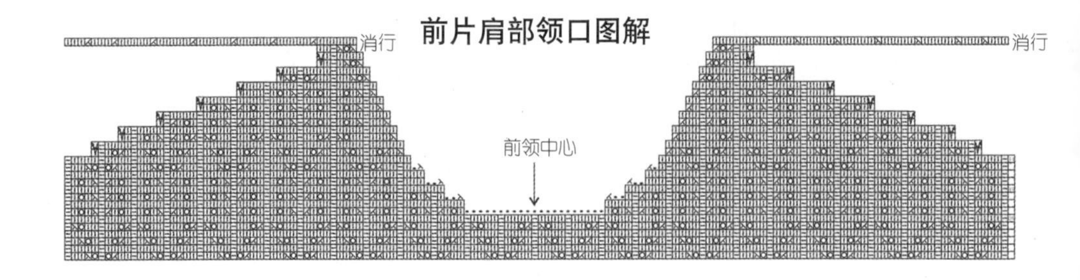

后片肩部领口图解

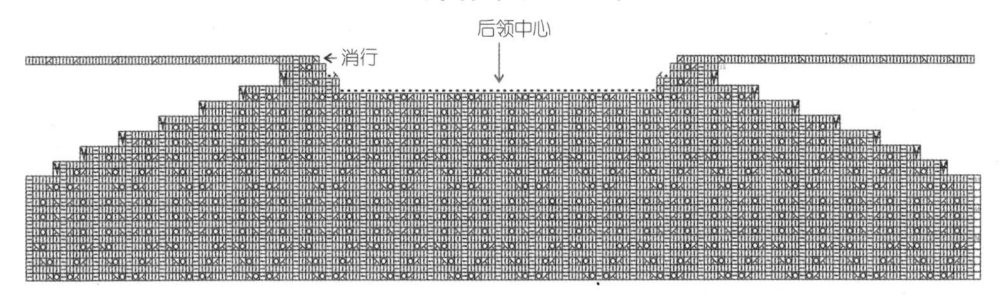

前、后身片加针图解

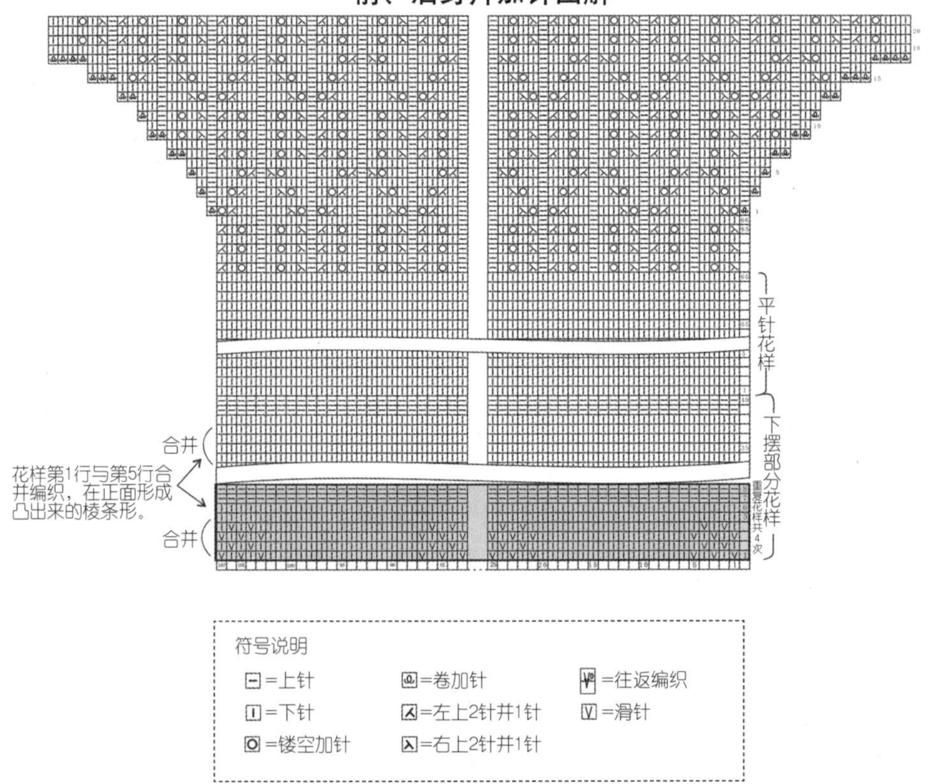

符号说明

- ⊟=上针
- Ⅰ=下针
- O=镂空加针
- =卷加针
- =左上2针并1针
- =右上2针并1针
- =往返编织
- V=滑针

NO.08 深灰高领中袖毛衣

编织要点

后身片:用3.75mm棒针起112针，织10行双罗纹后，换4.0mm棒针按图解编织66行平针与花样A。开始进行腋下收针，最后4行处按图解挖后领口。

前身片:与后片相同织法，织至115行，开始挖前领口，前领口深16行。

袖片：用3.75mm棒针起64针，织10行双罗纹，换4.0mm棒针，开始编织平针与花样B。按图解加针织24行，开始收袖山。

缝合：将前、后身片缝合，袖与袖窿缝合。

挑领：用3.75mm棒针沿前后领窝挑96针，圈织38行双罗纹后，换4.0mm棒针织10行双罗纹。结束。

结构图

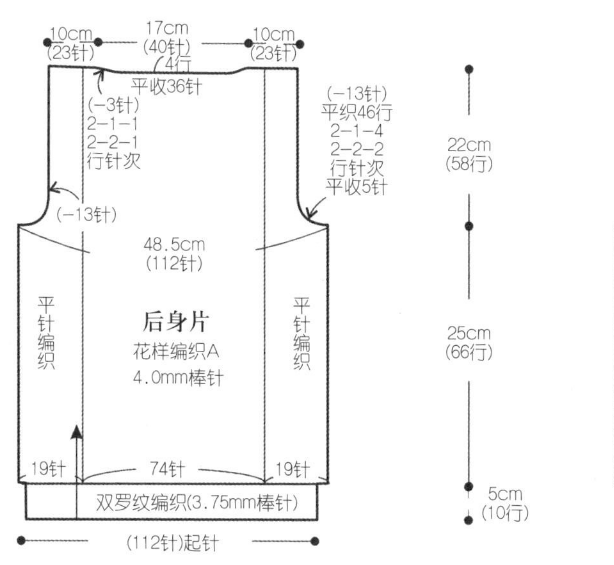

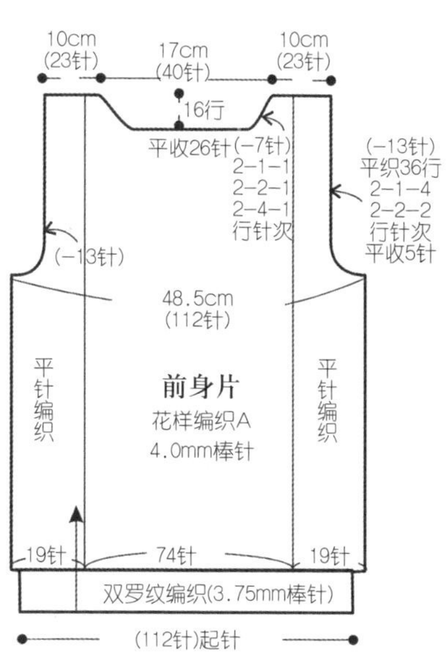

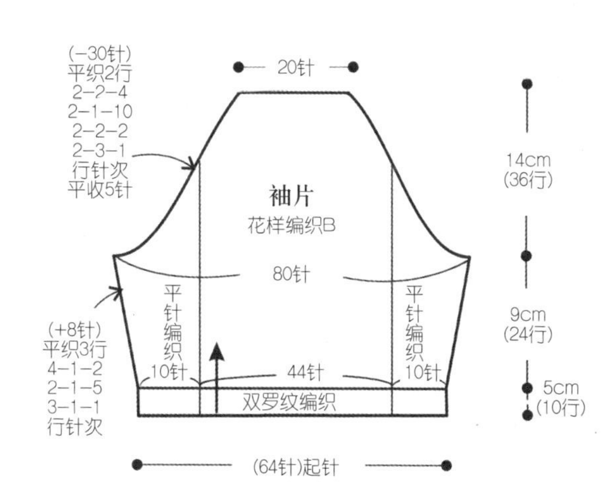

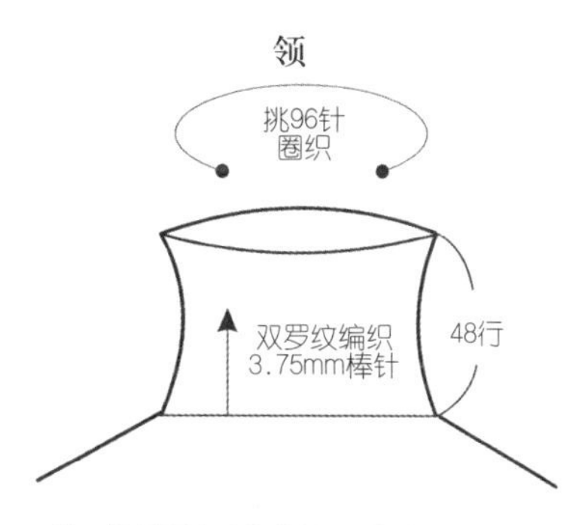

※ 前38行用织衣身的针织，后10行换用大一号针织。

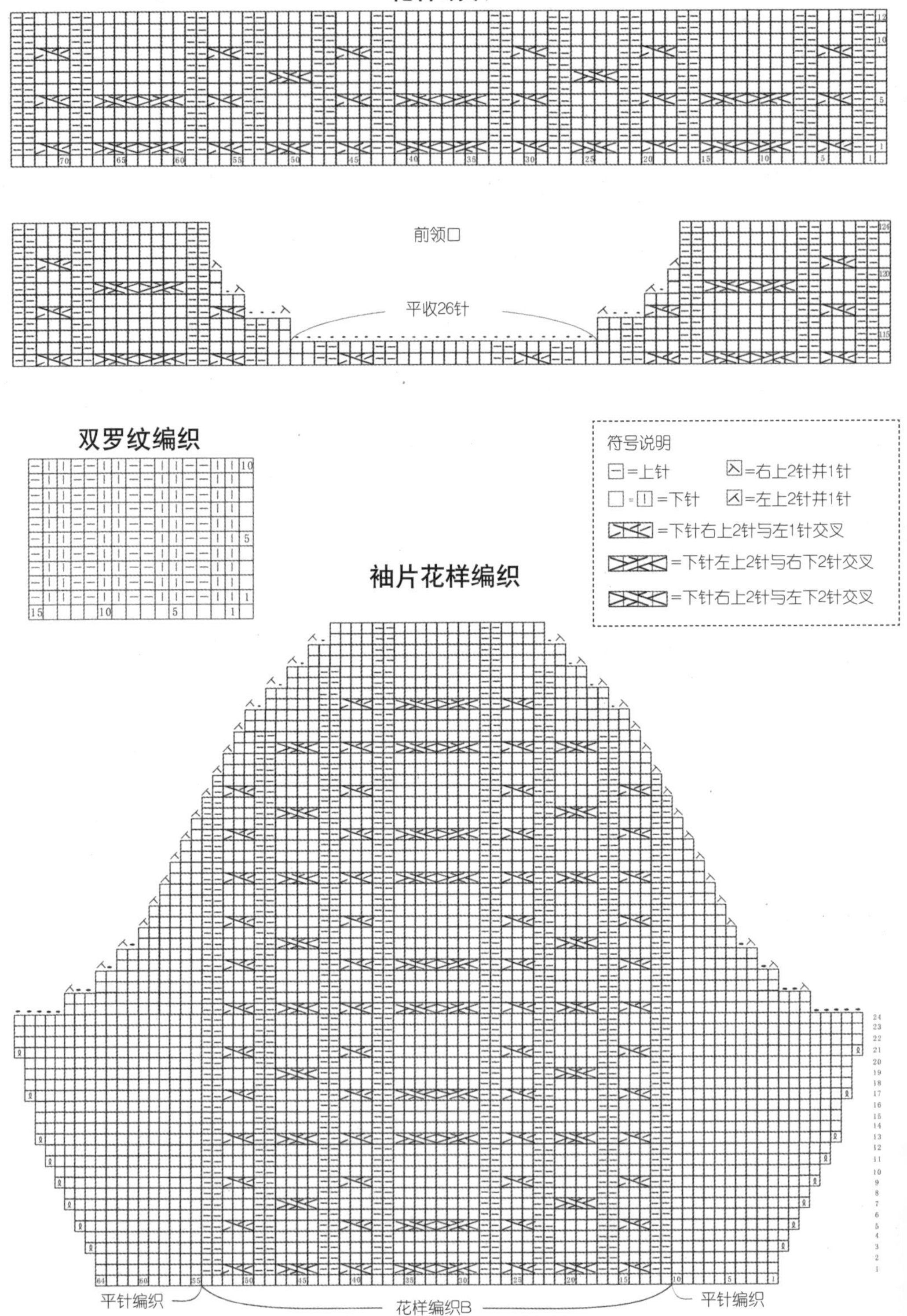
花样编织A
前领口
平收26针
双罗纹编织
符号说明
=上针
=右上2针并1针
=下针
=左上2针并1针
=下针右上2针与左1针交叉
=下针左上2针与右下2针交叉
=下针右上2针与左下2针交叉
袖片花样编织
平针编织
花样编织B
平针编织

NO.09 一字领小麻花毛衣

编织要点

前身片：起151针横向编织，下摆按图解减13针，斜肩按图解加出21针，65行斜肩结束后再平织104行。接着按图解下摆加13针，斜肩减21针。

后身片：起151针横向编织，按图解下摆加17针斜肩加21针，再平织104行后按图解回减151针。

缝合：两身片斜肩位置缝合，衣服两侧边是从下摆开始往腋下缝合，共缝合8组麻花，剩下不缝合留作袖口。

挑针：袖口前、后片各15组麻花，1针对1针挑180针，圈织24行双罗纹。下摆前后片一起，1行挑1针共挑472针，圈织24行双罗纹。

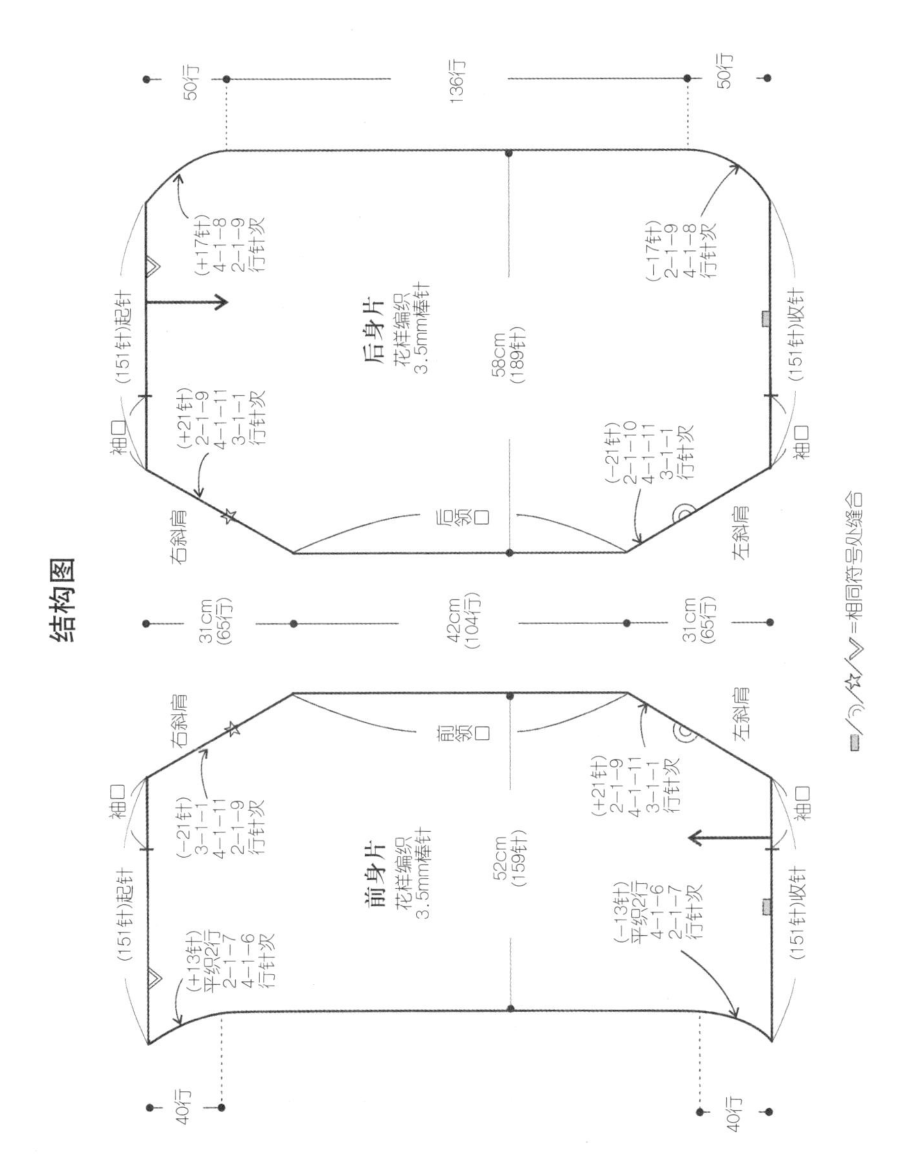

款式图

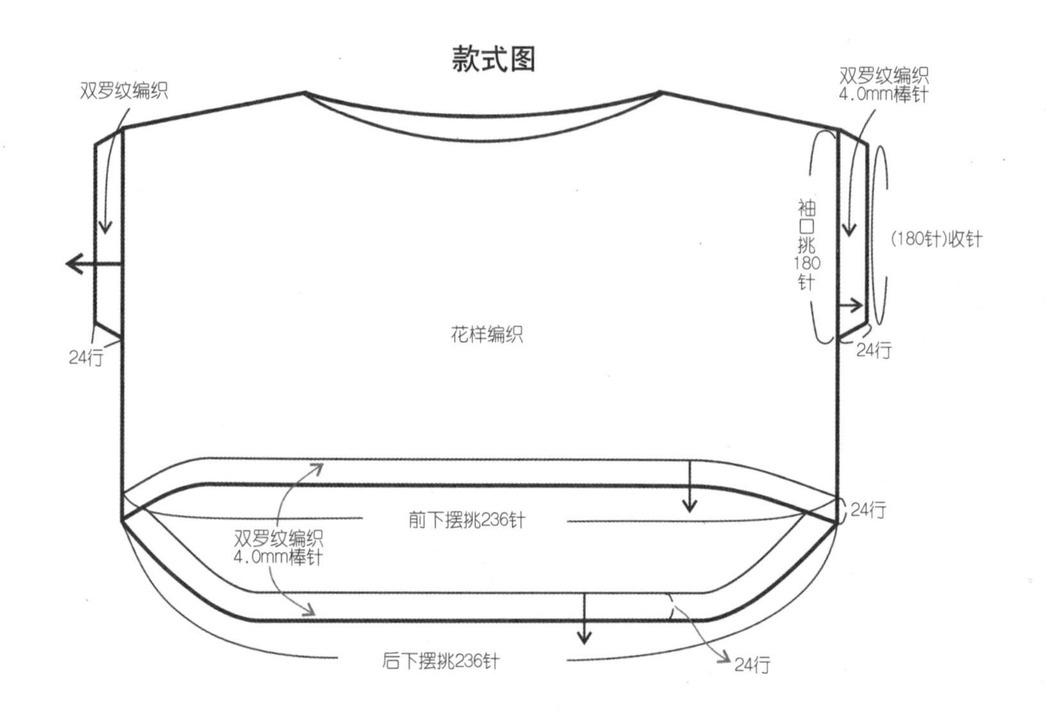

双罗纹编织
双罗纹编织
4.0mm棒针
袖口挑180针
(180针)收针
24行
24行
花样编织
前下摆挑236针
双罗纹编织
4.0mm棒针
24行
后下摆挑236针
24行

花样编织

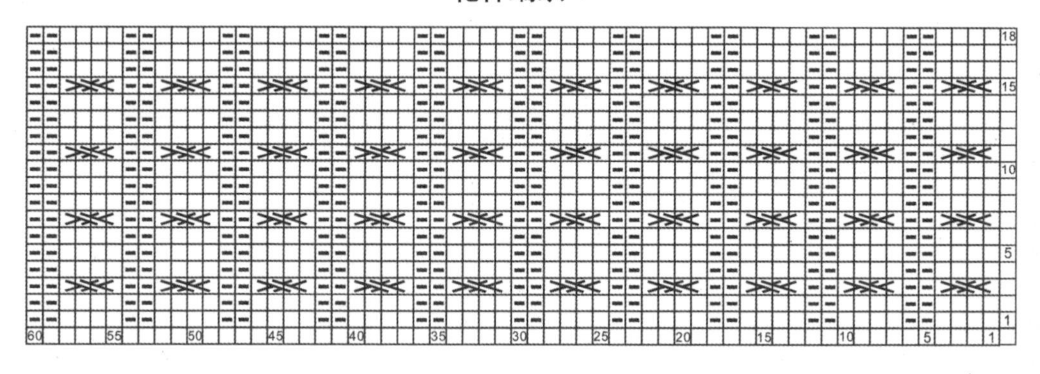

18
15
10
5
1
60
55
50
45
40
35
30
25
20
15
10
5
1

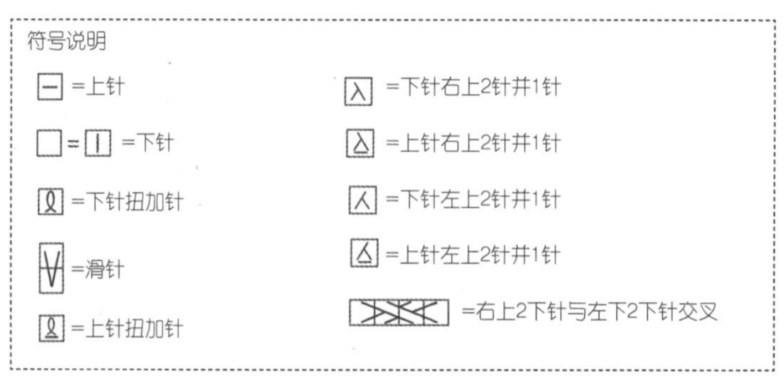

符号说明
=上针
= =下针
=下针扭加针
=滑针
=上针扭加针
=下针右上2针并1针
=上针右上2针并1针
=下针左上2针并1针
=上针左上2针并1针
=右上2下针与左下2下针交叉

前身片花样编织

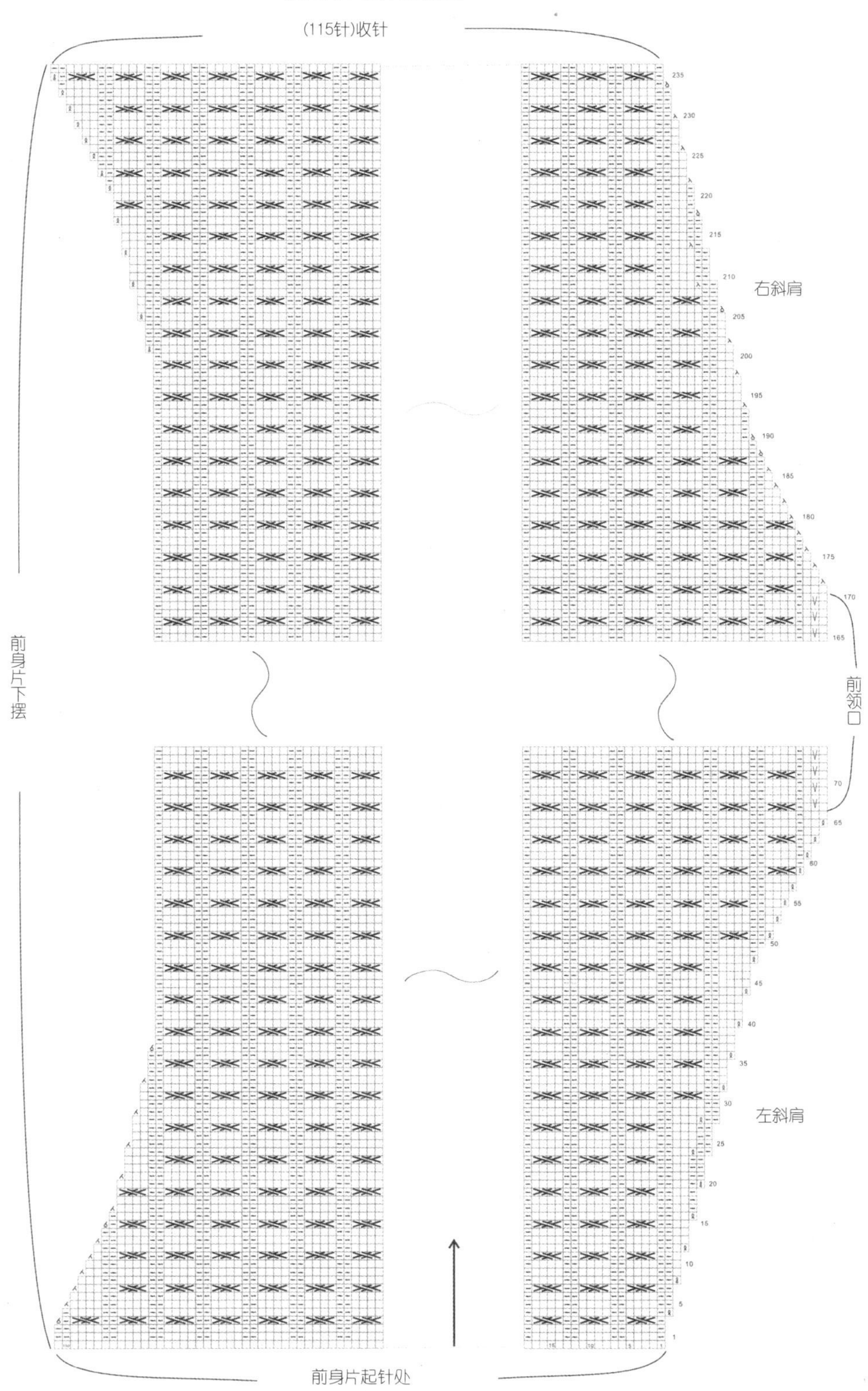
(115针)收针
右斜肩
前领口
左斜肩
前身片下摆
前身片起针处
235
230
225
220
215
210
205
200
195
190
185
180
175
170
165
70
65
60
55
50
45
40
35
30
25
20
15
10
5
1

后身片花样编织

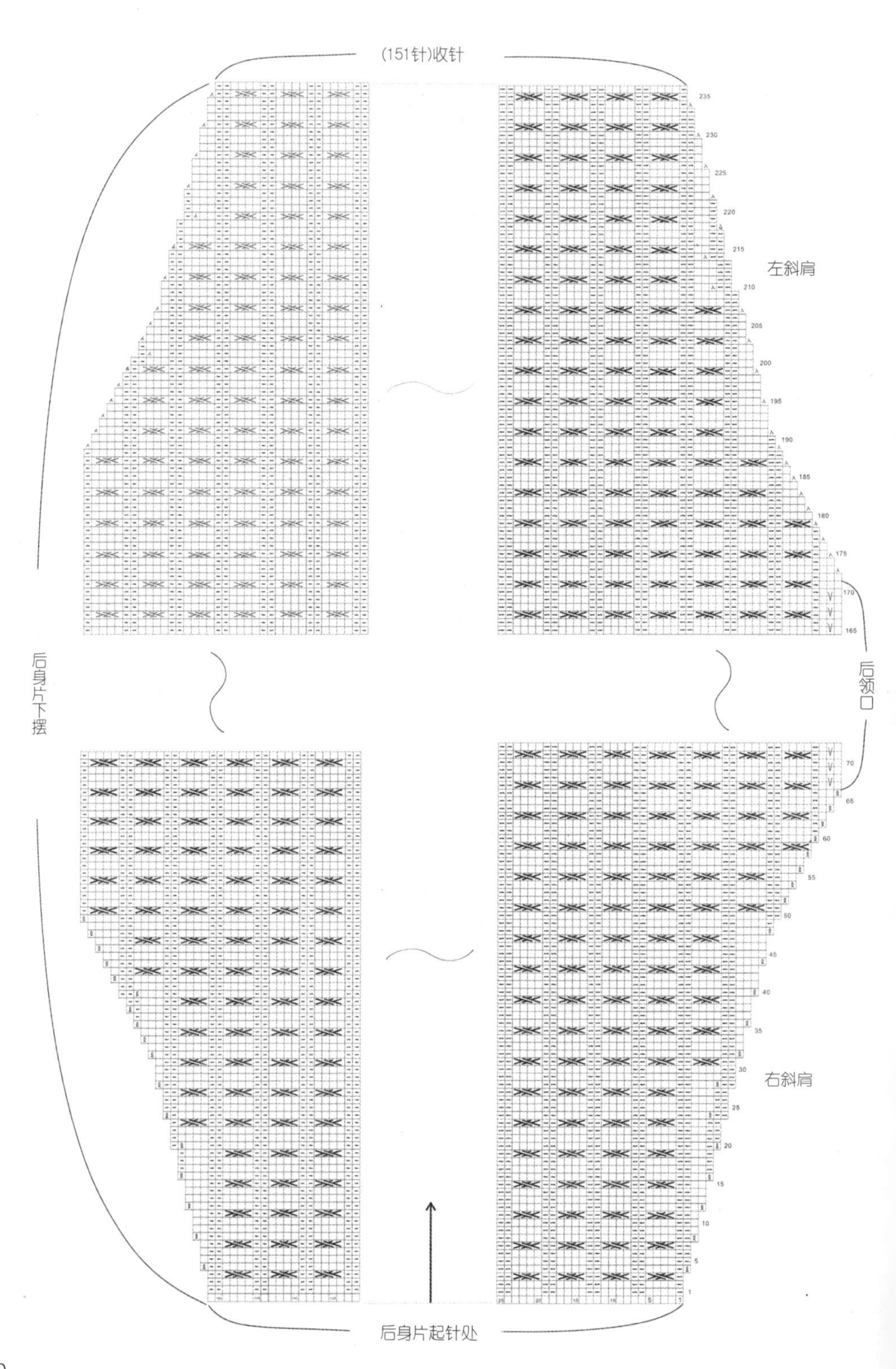

(151针)收针
235
230
225
220
215
210
205
200
195
190
185
180
175
170
165
左斜肩
后领口
后身片下摆
70
65
60
55
50
45
40
35
30
25
20
15
10
5
1
右斜肩
后身片起针处

NO.10 浅灰收腰中袖衫

编织要点

前后身片：前后片同时别线起针圈织，用别线起针法起324针。按图解用3.75mm棒针织花样B，53行后收掉16针再继续织6行。接着按图解用3.5mm棒针织花样B，64行后开始分片编织。先织后片，按图解织腋下和收领口，最后平收。前片相同，最后缝合前后片肩部。

领口：前后片共挑织114针，用4.0mm棒针按图解织6行，最后平收所有针数。

下摆：拆除别线，用3.5mm棒针按图解织6行下摆花样，最后平收。

袖子：片织，别线起针法起针79针，按图解用3.75mm棒针织完袖下和袖山部分。拆除别线，换3.5mm棒针织袖口部分的喇叭花样。最后缝合袖片。完成。

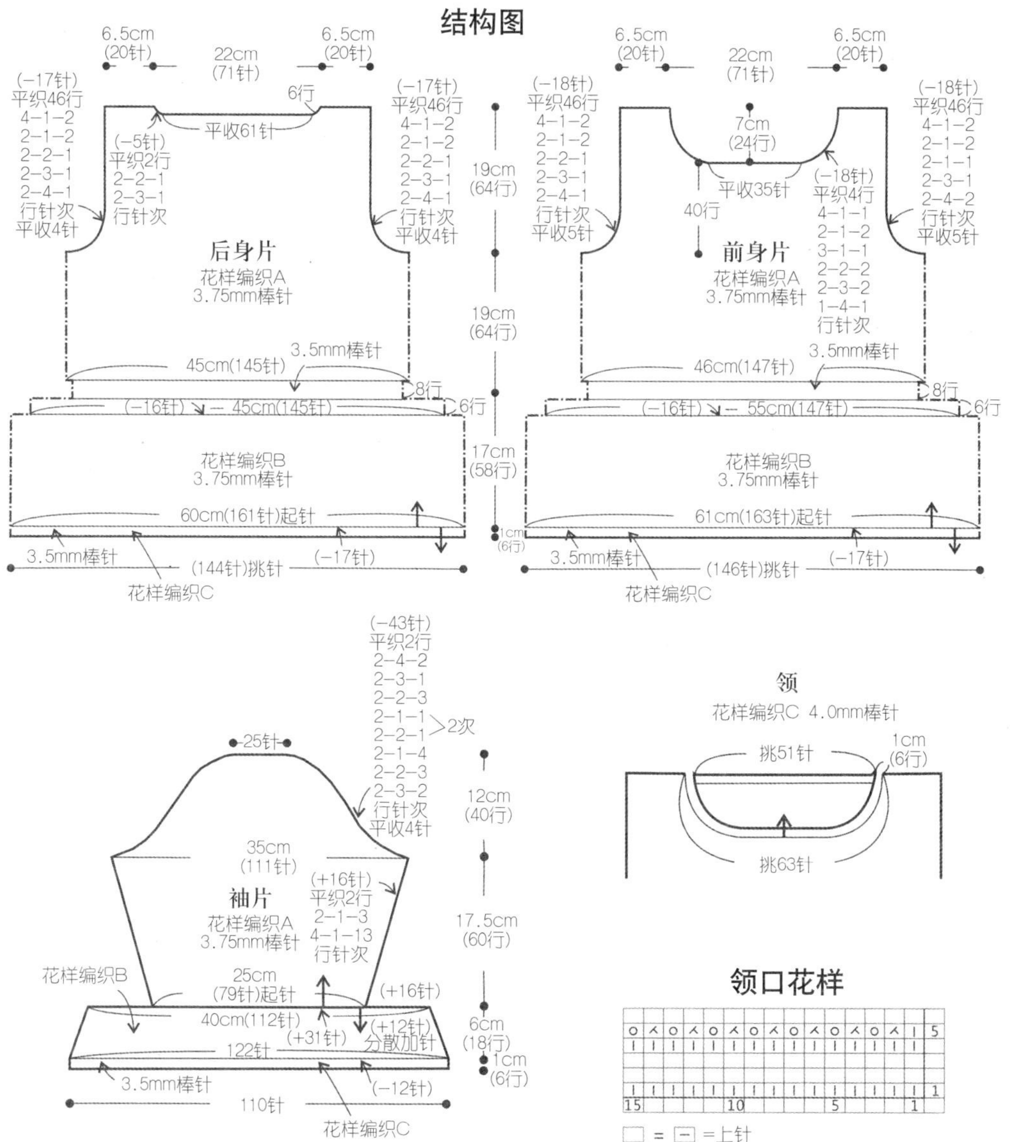

后身片花样编织

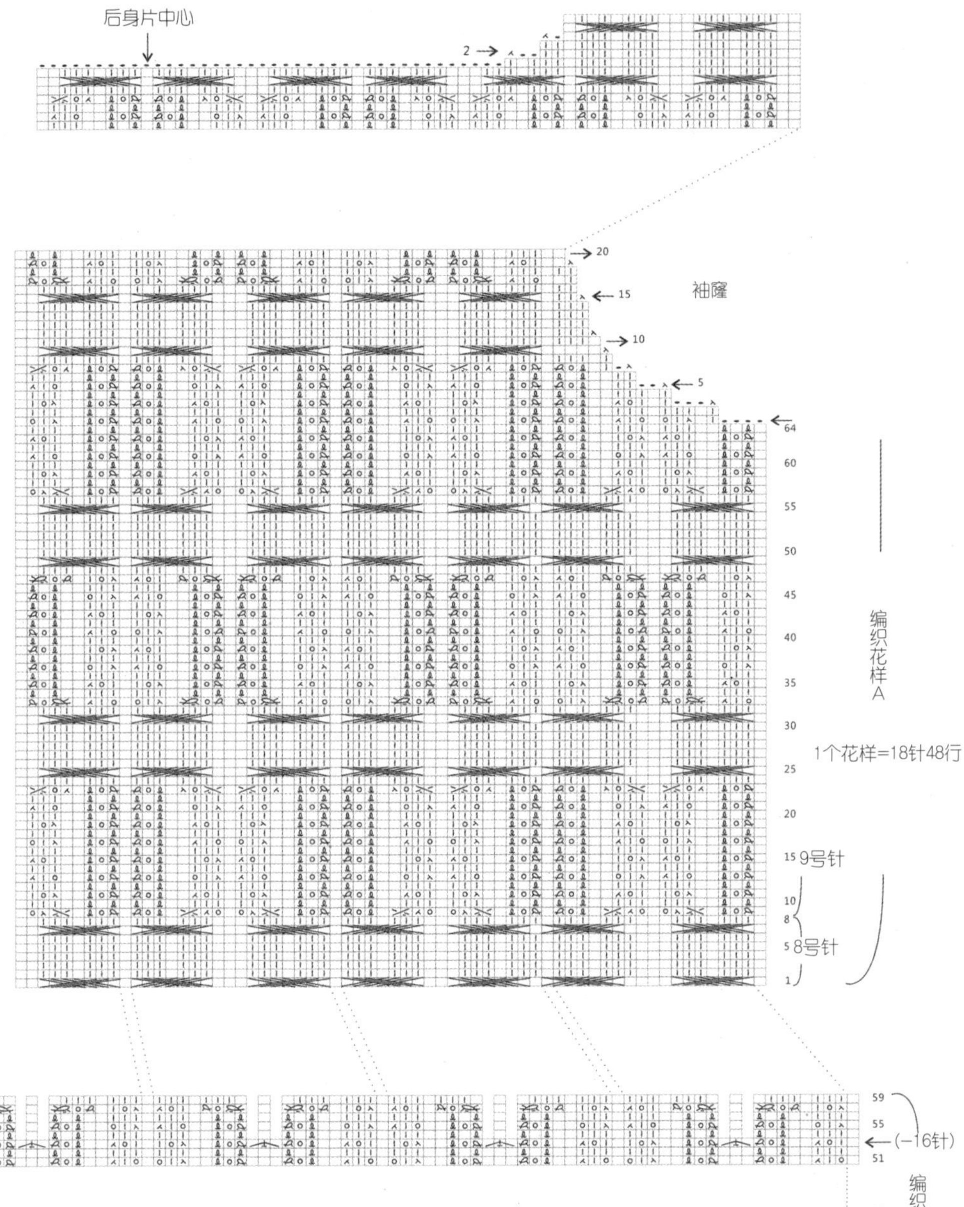
后身片中心
袖窿
编织花样A
1个花样=18针48行
9号针
8号针
(−16针)
编织花样B
1个花样=20针8行
后身片
前身片

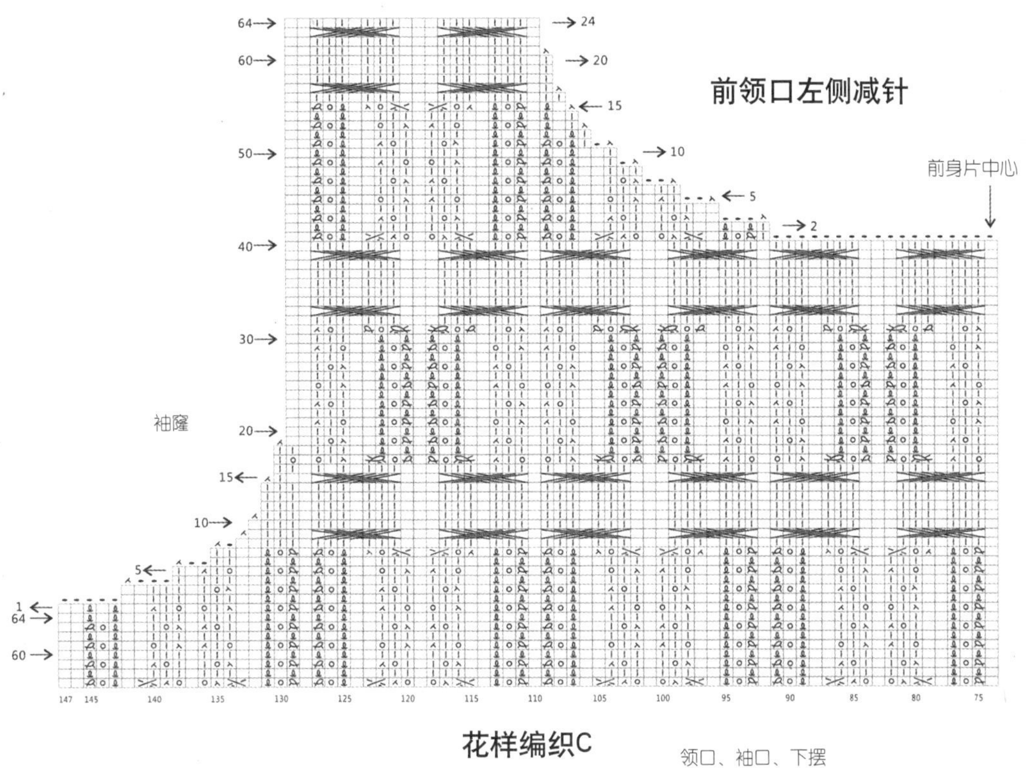

花样编织C

袖口

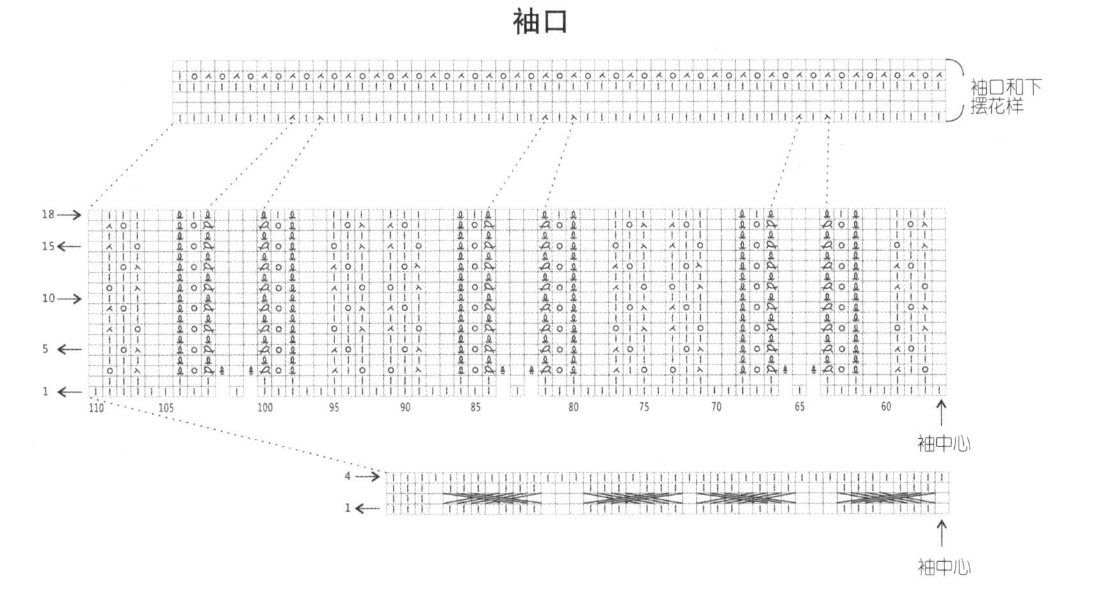

袖片花样编织

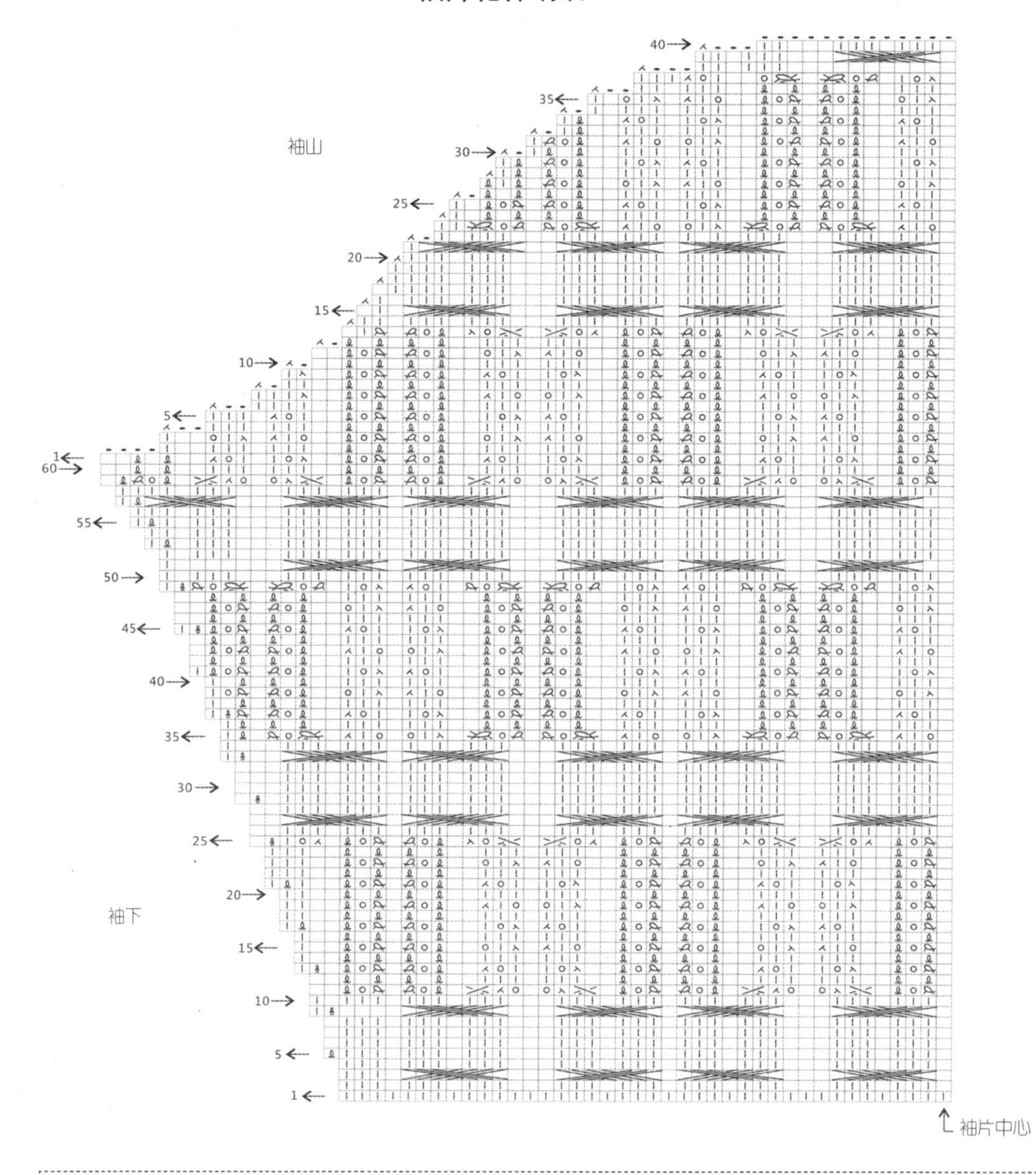

符号说明

- □ = ⊟ =上针
- ⊡=下针
- ⊙=镂空针
- =扭下针或加针
- =扭上针或加针
- =左上2针并1针
- =右上2针并1针
- =左上3下针与右下3针交叉
- =左上扭1下针与右下针交叉
- =右上扭1下针与左下针交叉
- =左上1下针与右上针交叉
- =右上1下针与左上针交叉
- =左上扭1下针与右上针交叉
- =右上扭1下针与左上针交叉
- =右上3下针与左下3针交叉
- =将右侧3针移至第1个麻花针上（置于织片正面），中间1针移至第2个麻花针上（置于织片反面），织棒针上的3针(下针)，接着织第2个麻花针上的1针(上针)，最后织第1个麻花针上的3针(下针)。
- =将右侧3针移至第1个麻花针（置于织片反面），1针移至第2个麻花针（置于织片背面），织棒针上的3针(下针)，接着织第2个麻花针上的1针(上针)，最后织第1个麻花针上的3针(下针)。

NO.11 高雅格调套头衫

编织要点

后身片：用3.75mm棒针起116针，织24行双罗纹后换4.0mm棒针，按图解交替编织花样A、B共88行，开始腋下收针，在最后6行按图解收后领口。

前身片：与后身片相同的织法，织到119行开始收前领口，前领口共织14行。

袖片：用3.75mm棒针起56针，织20行双罗纹，换4.0mm棒针，开始交替编织花样A、B。按图解加针织88行，并开始收袖山以完成袖片编织。

缝合：将前后身片缝合，袖山与袖窿缝合，袖下两侧缝合。

领子：用3.75mm棒针沿领窝挑136针，圈织12行双罗纹收针。

结构图

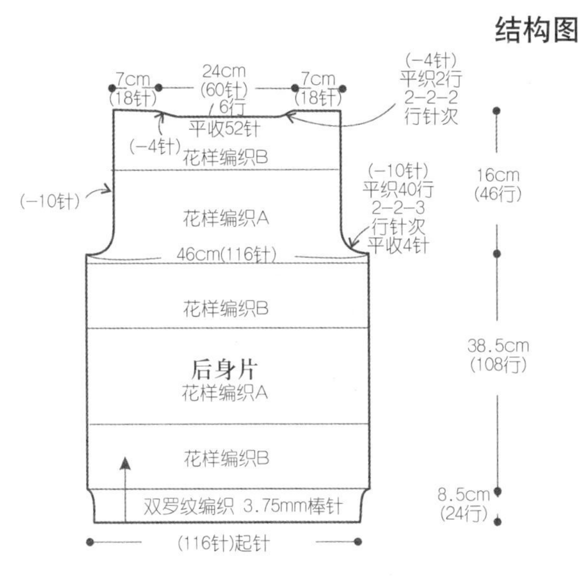

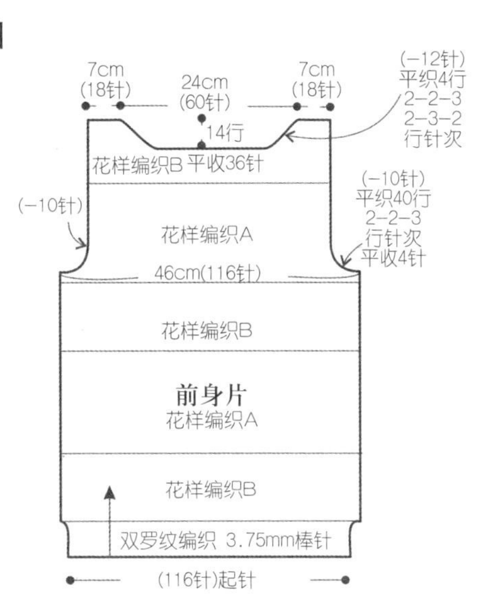

＊除指定位置用3.75mm棒针以外都用4.0mm棒针编织

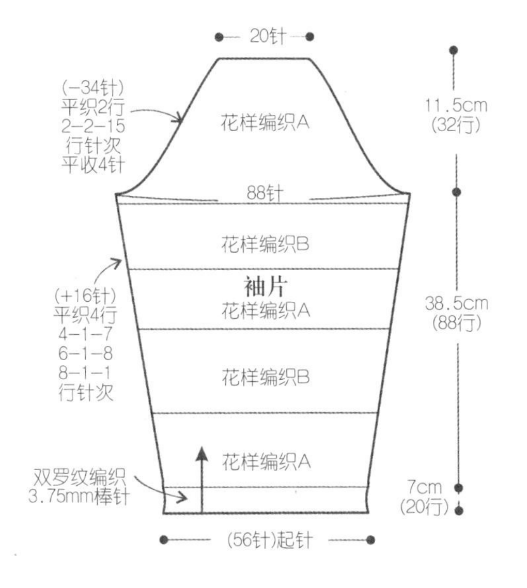

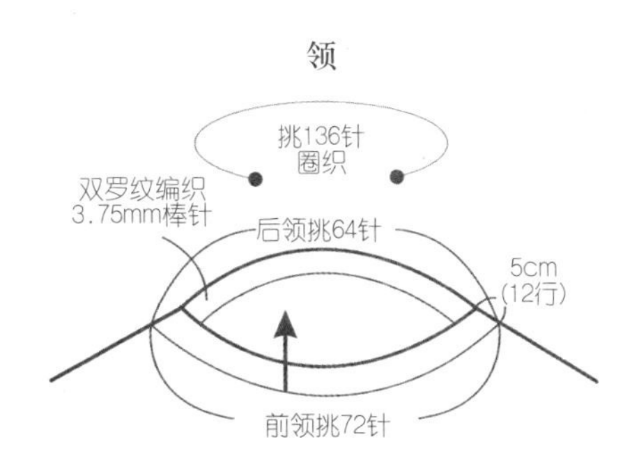

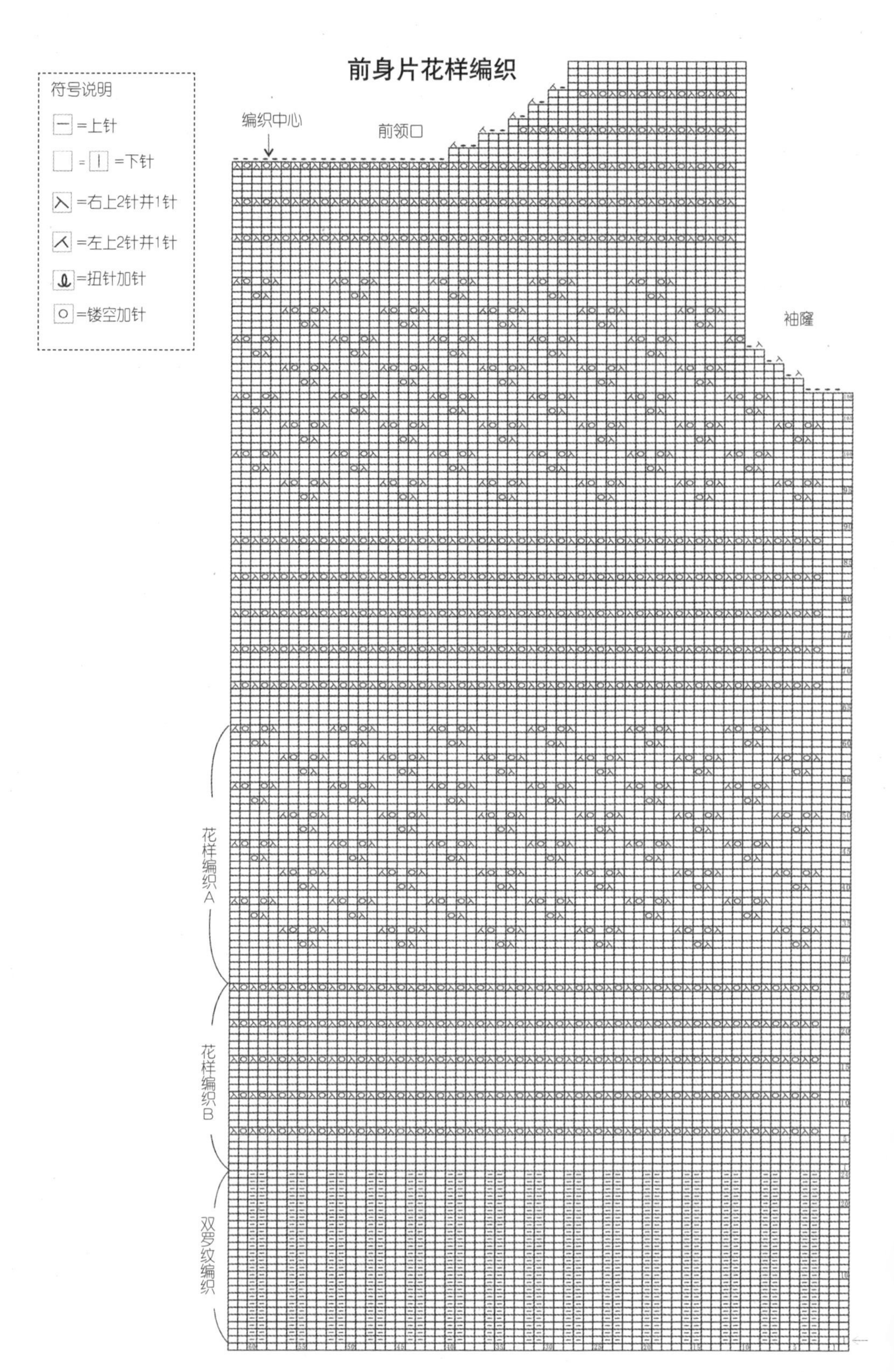
前身片花样编织
符号说明
=上针
= | =下针
=右上2针并1针
=左上2针并1针
=扭针加针
=镂空加针
编织中心
前领口
袖窿
花样编织A
花样编织B
双罗纹编织

NO.12 米白柔美套头衫

编织要点

前、后身片：前、后片织法完全相同，均起113针。按图解织72行花样A，第73行均匀减去7针，开始编织花样B，并按图解收腋下。48行后开始按图解收两边的斜肩，各收掉18针，中间48针保留在棒针上不收。

领口：前、后片斜肩部分缝合后，中间各剩下48针，换3.75mm棒针将这96针圈起来织原花样B6行，最后平收。

袖片：双罗纹起针56针，织24行双罗纹后开始织平针。袖片两侧按图解加针，加完88行后开始收袖山。最后平收并与身片缝合。

结构图

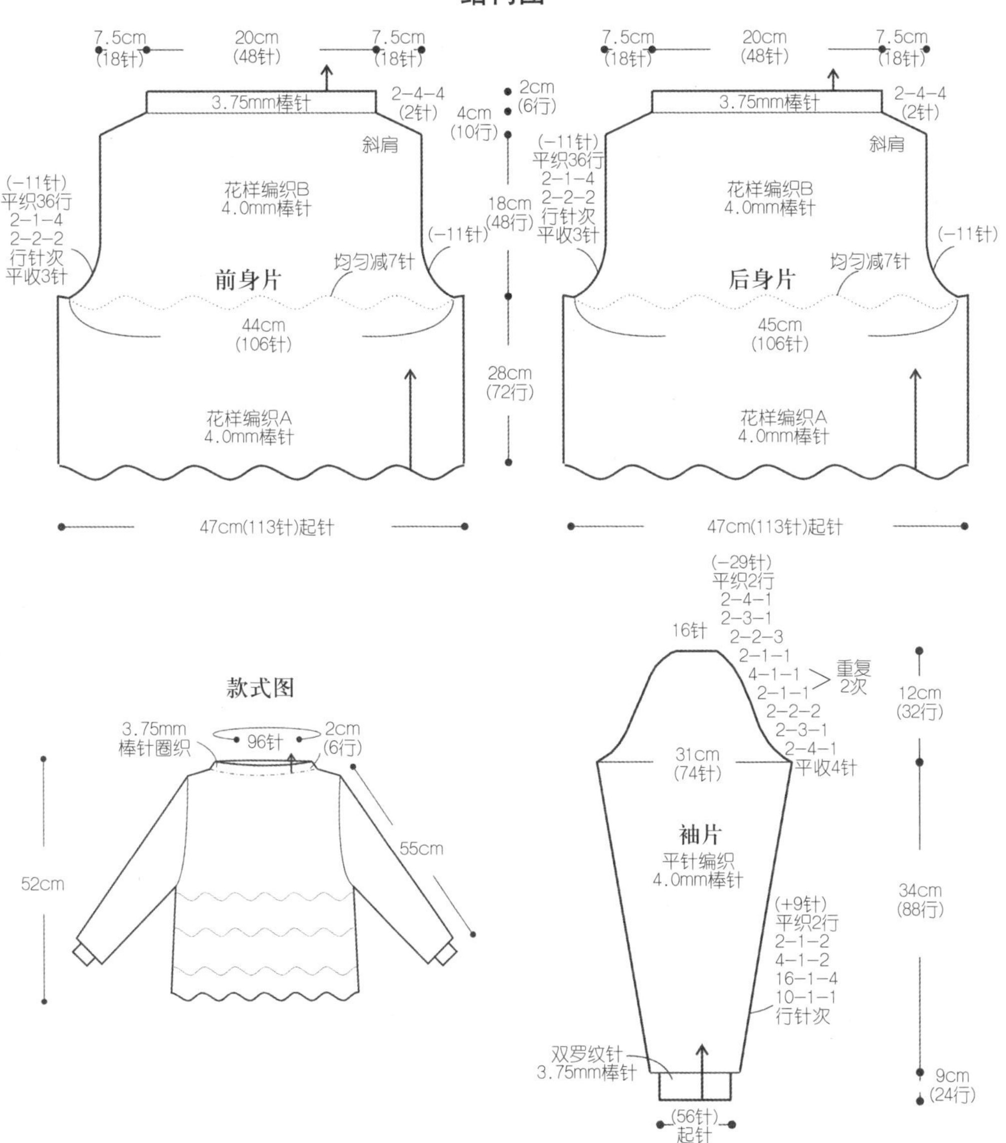

身片花样编织A、B

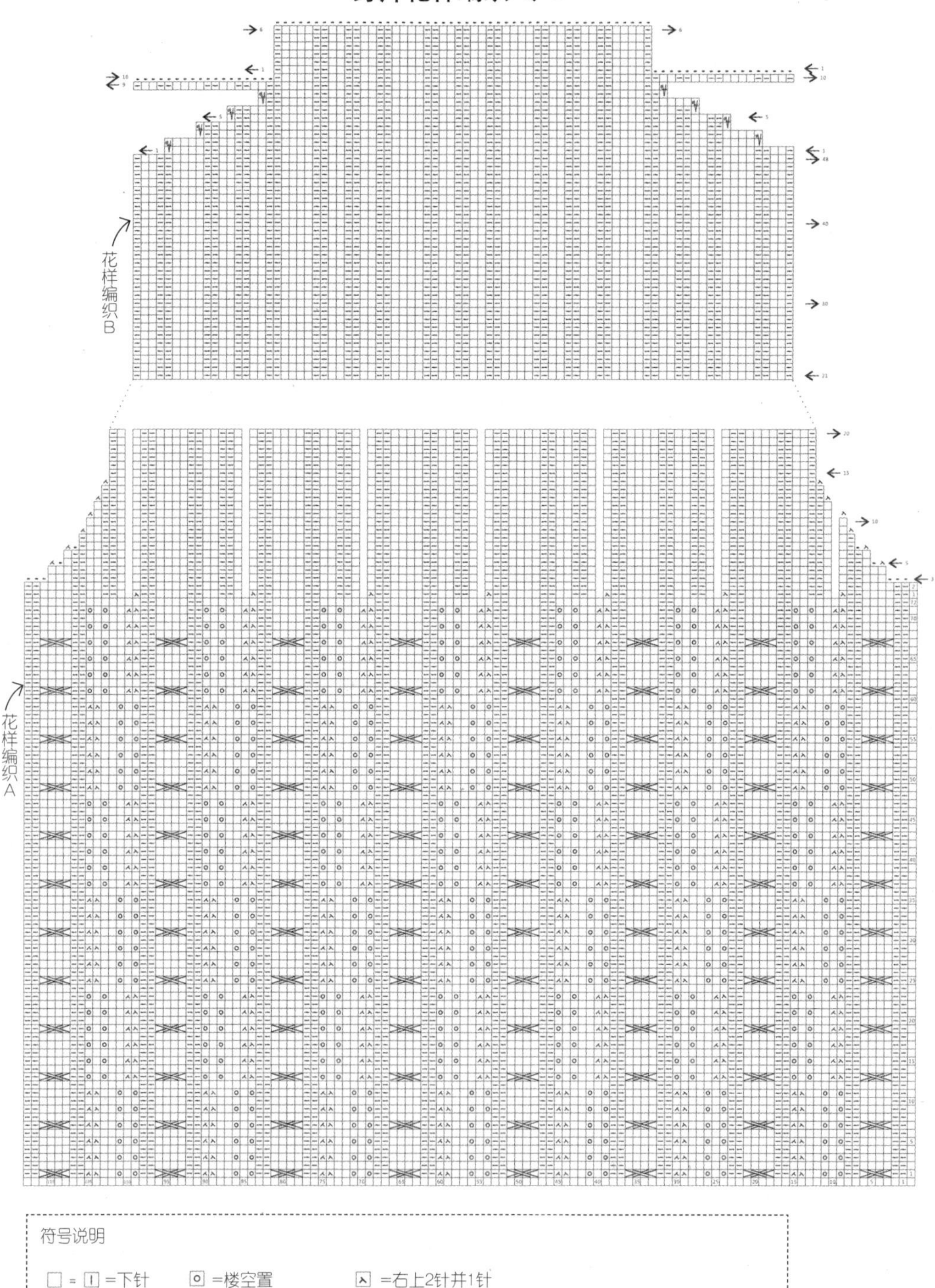

符号说明

□ = Ⅰ =下针　　◎ =镂空置　　⋏ =右上2针并1针

⊟=上针　　⋏ =左上2针并1针　　=右上2针与左下2针交叉　　=往返编织

NO.13 志田花样育克毛衣

编织要点

身片：身片和袖片分别用锁针另线起针法起针，身片编织36行花样A后，开始编织花样B，袖片编织28行花样A后，开始接着编织花样B。袖片从花样B开始，按图解加针，加至85针时两边各平收6针，剩73针不收，待用。前、后育克部分从已编织好的身片和袖子处挑针，挑好后前、后育克及袖子4部分各均匀加4针(共加16针)。从左后身片与袖子的交界处开始，按图解编织4行，从第5行开始做环形的育克分散减针。

挑针：将下摆及袖口处的另线拆掉挑起针圈，编织上、下针，按上针的平针收针结束。衣领接着前后育克，以环形花样编织C，第1行参照衣领的图解挑针，边挑边编织18针减针，编织结束后做扭针的单罗纹收针。

缝合：将身片与袖子腋下缝合。

结构图

22cm
19cm (66行)
60cm (144针=18个花)
(73针)挑针
前后育克
花样编织A
(77针)挑针
衣袖挑针后(+4针)
各(+4针)
150cm (360针=18个花)
前、后身挑针后各(+4针)
前、后身片后各(130针)挑针
编织起点(左后身片和衣袖交界处)
41cm(99针)
2.5cm 平收6针
前、后身片
花样编织B
3.75mm棒针
24cm (80行)
花样编织A
10cm (36行)
46cm(111针)起针
上、下针编织 0.5cm (2行)
(111针)挑针

(−6针) 30cm(73针) (−6针)
2.5cm 平收6针
袖片
花样编织B
(+15针) 平织6行 6−1−3 8−1−11 行针次
3.75mm棒针
34cm (112行)
(+1针)
花样编织A
8cm (28行)
23cm(55针)起针
上、下针编织 0.5cm (2行)
(55针)挑针

衣领

花样编织C
调整密度
(−18针)
4.5cm (16行)
(126针)挑针
144针

※ 前中心到后中心各减9针

育克挑针360针=(77针+77针)+(103针+103针)
袖片挑针 (73+4)
身片挑针 (99+4)

衣领挑针示意图

后片中心 (1针)
(19针)挑针
编织起点
(62针)挑针
(43针)挑针
前片中心 (1针)

※ 衣领分别均匀挑针减针

上、下针编织

下摆及袖口
上针的平收针

花样编织C

调整密度
4号针
6号针
(−18针)
□=⊟ 下针
后中心位置 前中心位置
14针1花样

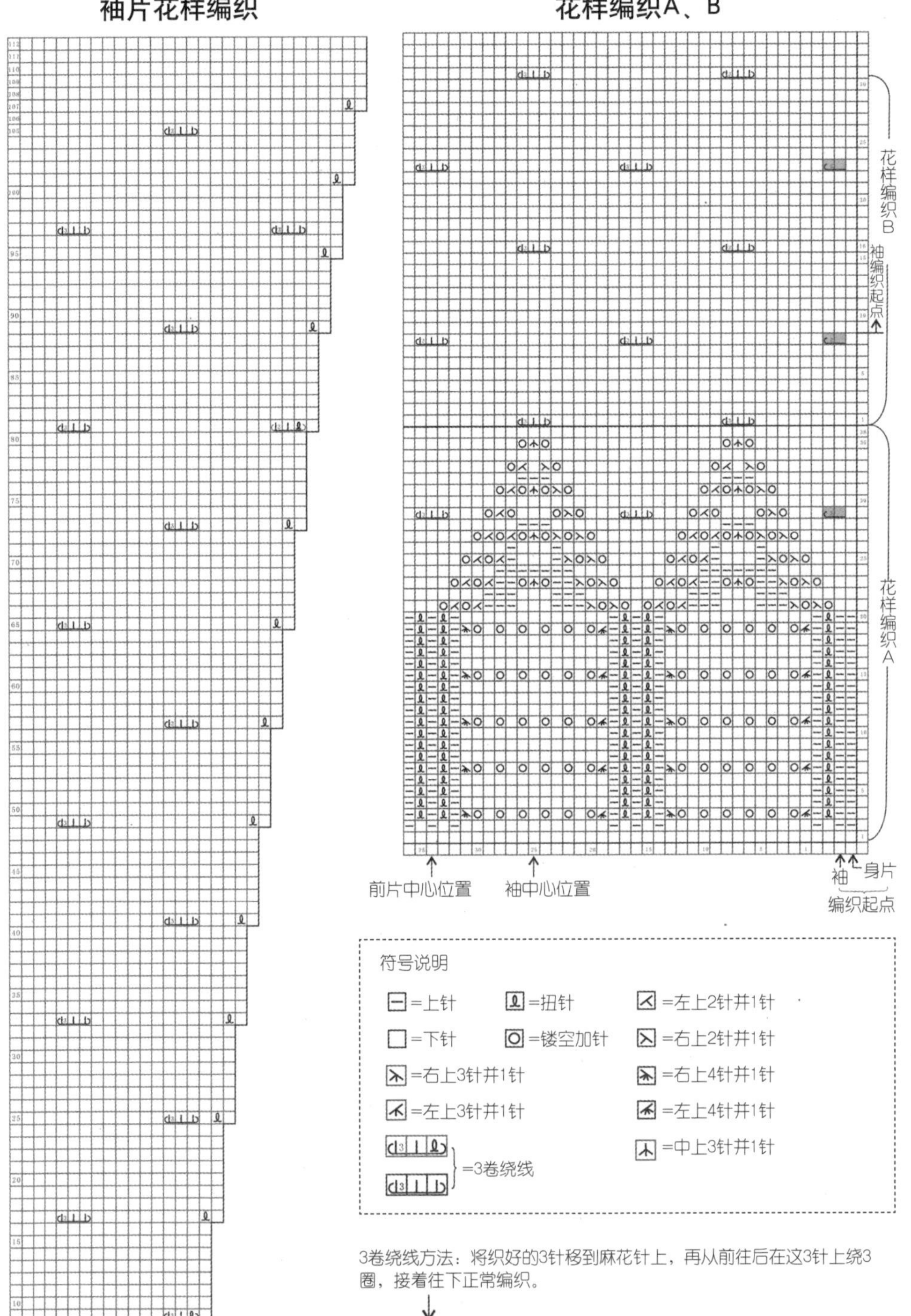

3卷绕线方法：将织好的3针移到麻花针上，再从前往后在这3针上绕3圈，接着往下正常编织。

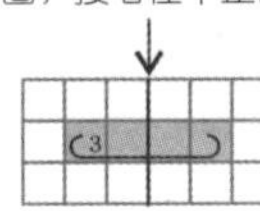

腋下一边挑针缝合，一边3卷绕线（缝合时将腋下形成1个花样），方法同上。

前后育克

花样编织A 分散减针

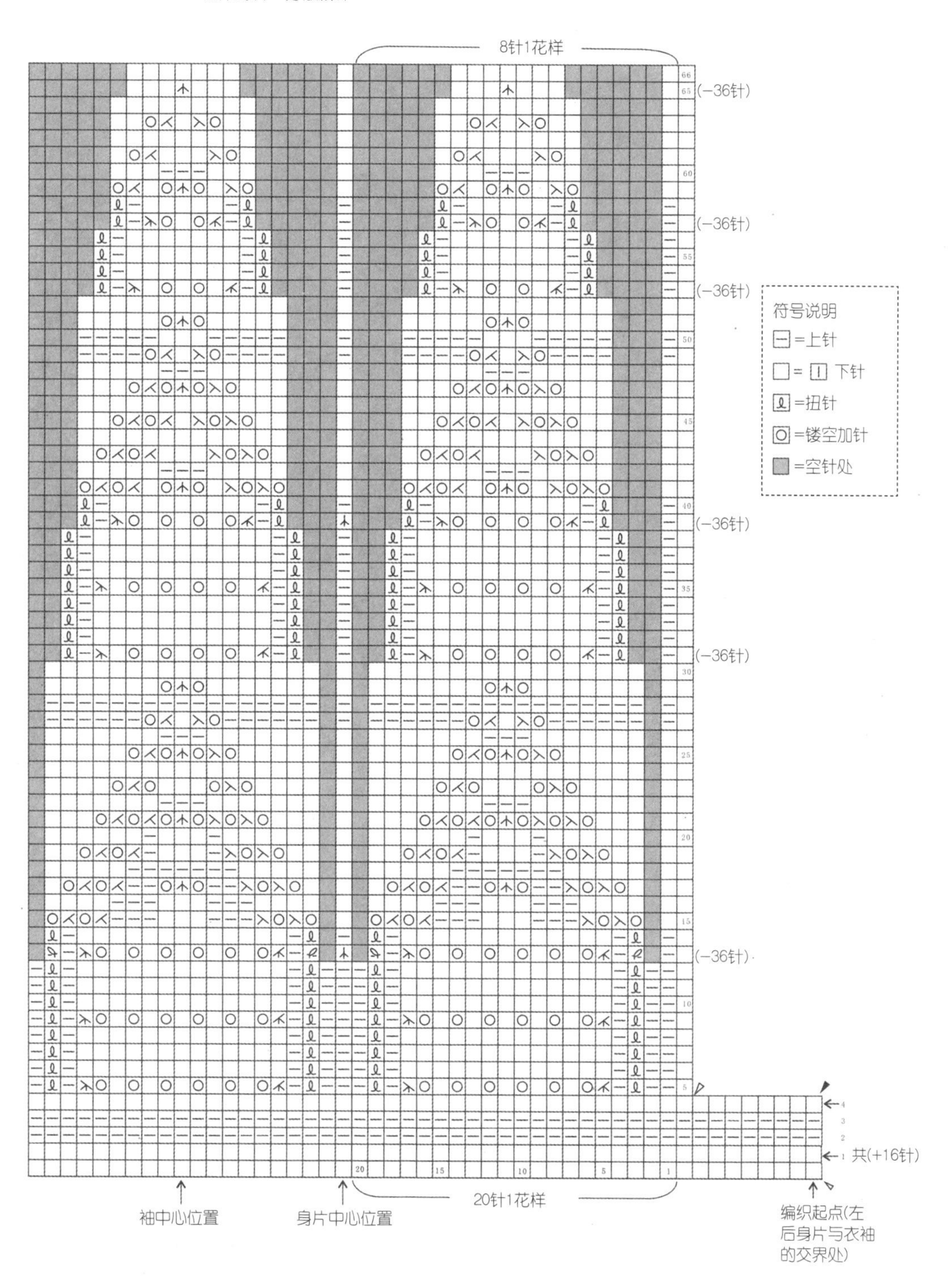

NO.14 钩编彩虹披肩

编织要点

后身片：先钩后片的3片单元花，参照单元花的制作方法，钩不同大小、不同层次的花朵。钩至每个单元花的最后1行时，边钩边将单元花拼接起来，单元花的排列顺序参考结构图。结构图中花内的数字表示单元花最外1层的花瓣数，拼接时请参照拼花结构图将单元花对号拼接，用长针和短针补平直线。

前身片：用棒针起162针分别向左、右编织平针，左、右前身片各编织298行。

缝合：在每片的边缘钩1圈短针，结构图中相同的符号处缝合，两片之间用短针缝合，缝合的棱在正面，然后钩1圈逆短针。

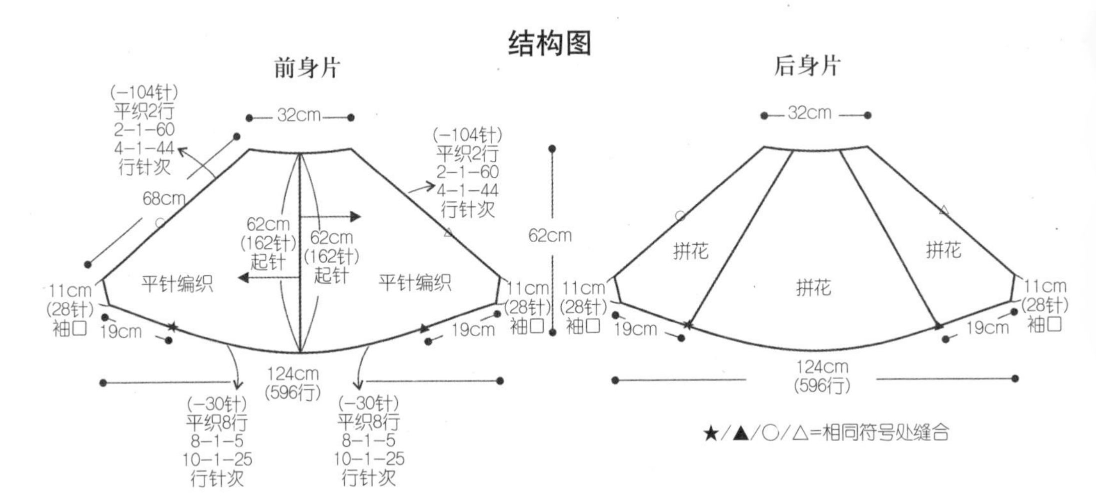

后身片拼花示意图

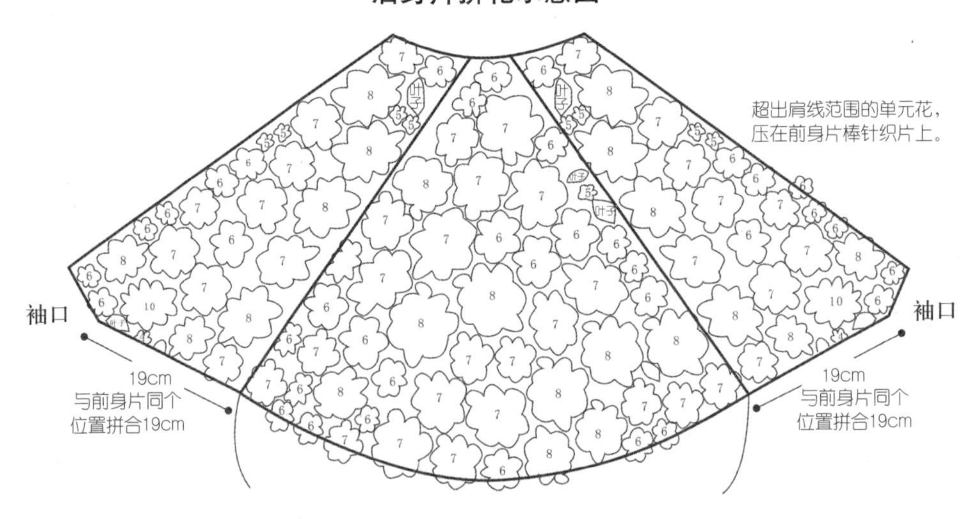

单元花拼完后，用长针和短针补平直线，然后用逆短针在正面缝合。
注意：单元花上的数字表示最后1行的花瓣数。

可以延伸不同层次的花

花样4

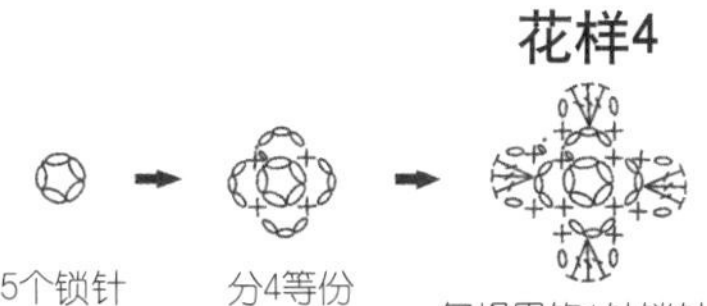

5个锁针　　分4等份

每格里钩1针锁针，
3针长针，1针锁针。

如图分5个等份

花样5

每格里钩1针锁针，
5针长针，1针锁针。

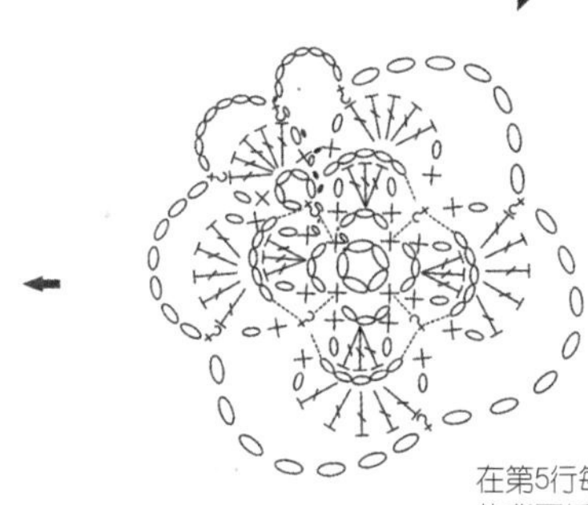

在第5行每格的第5个长针的背面插针，保持花瓣边缘的完整性，花更有立体感，分6等份。

花样6

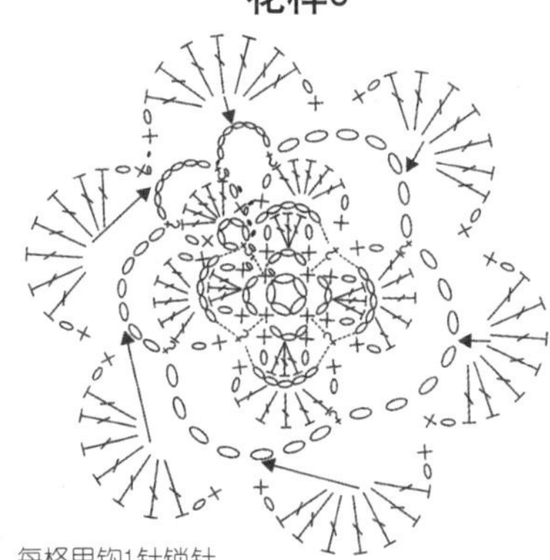

每格里钩1针锁针，
7针长针，1针锁针。

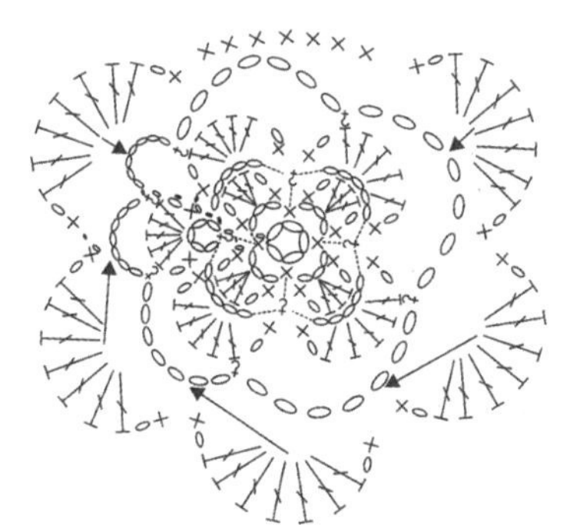

6去1(6花瓣减去1花瓣)的钩法把其中1个花瓣改为短针，即每针锁针对应钩1针短针，同样道理钩5去1(5花瓣减去1花瓣)。

按照单元花的制作程序，最外1行5个花瓣的花是2层花瓣，最外1行6个花瓣的花是3层花瓣，最外1行7个花瓣的花是4层花瓣，最外1行8个花瓣的花是5层花瓣，最外1行9个花瓣的花是6层花瓣，最外10行5个花瓣的花是7层花瓣。

叶子

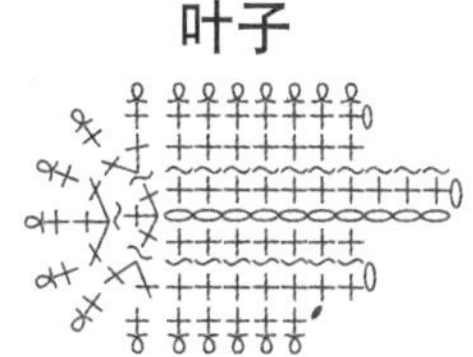

叶子大小可在第1行增减锁针数

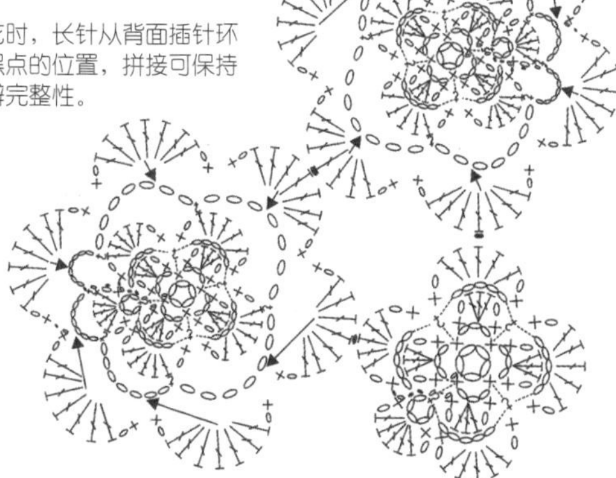

拼花时，长针从背面插针环绕黑点的位置，拼接可保持花瓣完整性。

符号说明
○=锁针　●=引拔针　内钩短针
+=短针　逆短针　扭花短针
长针　=1针里面钩2个短针

NO.15 粉紫色花边大V领套头衫

编织要点

前、后身片：衣服分片编织，后片用手指绕线法起针，编织花样A。腰部位置按照图解，进行分散减针。袖窿和领窝位置编织收针和边端1针立起的减针，肩斜做引返编织。在衣摆上挑针钩花样编织B，1个花样的针数从5针增加至15针，编织结束位置使用下针和上针进行收针。前片编织方法与后片相同，在减袖窿的同时开V领。

袖片：使用与编织身片相同的方法进行编织。

缝合：肩上使用套针缝合，腋下和袖片使用挑针方法缝合。衣袖与身片之间使用引拔方式缝合。

挑针：在衣领处挑针，圈织花样编织C，1个花样从5针增加至11针，编织结束位置用与衣摆相同的方法收针。

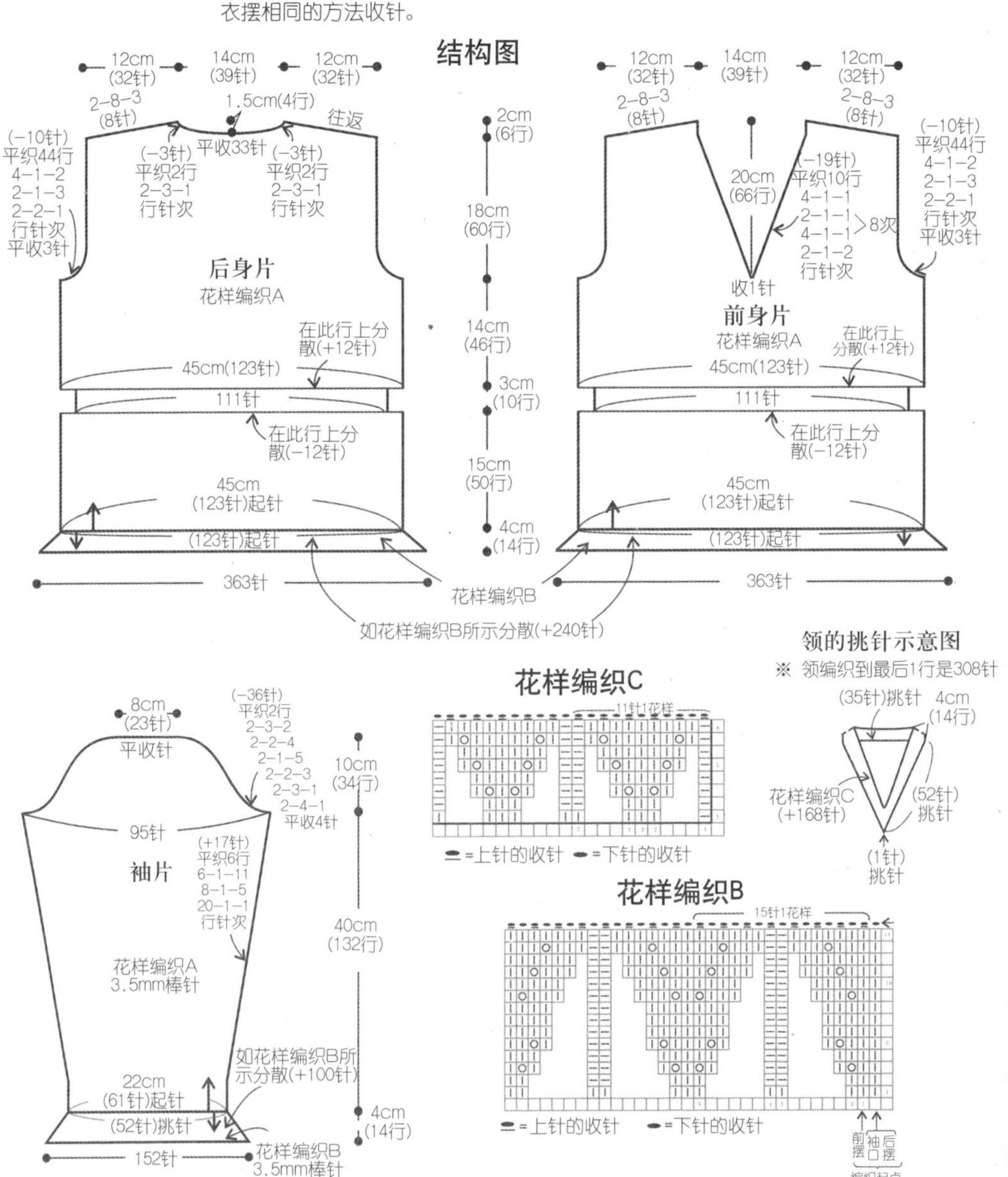

花样编织A与分散加减针

符号说明

- ⊟=上针
- ⊡=□=下针
- =扭针
- =镂空加针
- =3卷绕线
- =右上4针并1针
- =左上4针并1针
- =左上2针并1针
- =右上2针并1针
- =右上3针并1针
- =左上3针并1针

3卷绕线方法：将织好的3针移到麻花针上，再从前往后在这3针上绕3圈线圈，接着往下正常织下一针。

编织针法说明

- =扭转线圈之间的线形成的上针加针
- ■=空针部分
- =将第3针的线圈套在第1、2针上面织第1针加1针，再织第2针。
- =将针插入正在编织行的下数第3行，织出1下针、1挂针、1下针共3针，接下来一行正常编织下针，最后在标注行将3针并成1针。

NO.16 大花纹舒适高领毛衣

编织要点

身片、袖片：前、后身片分别用另线锁针的单罗纹起56针，袖片用另线锁针的单罗纹起27针，身片腰部做分散减针，袖窿、领窝和袖山使用平收针和2针并1针的方法减针，袖下在内侧1针处编织扭针加针。

缝合：将身片肩部正面相对做盖针钉缝，在两侧和袖下做挑针接缝，衣领共挑92针，环形编织19行双罗纹，用双罗纹收针法收针。最后用引拔针将衣袖与身片缝合。完成。

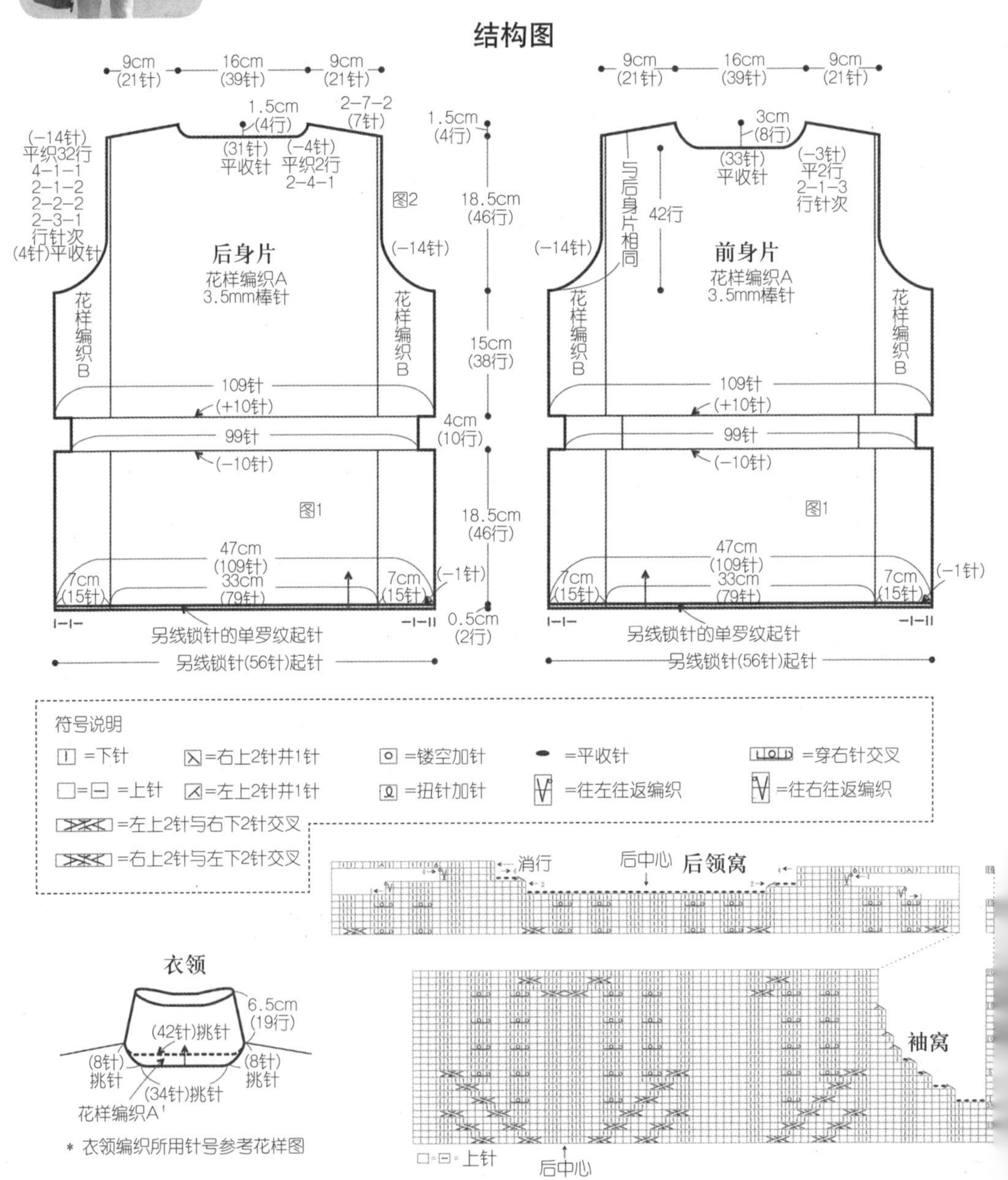

花样编织A'

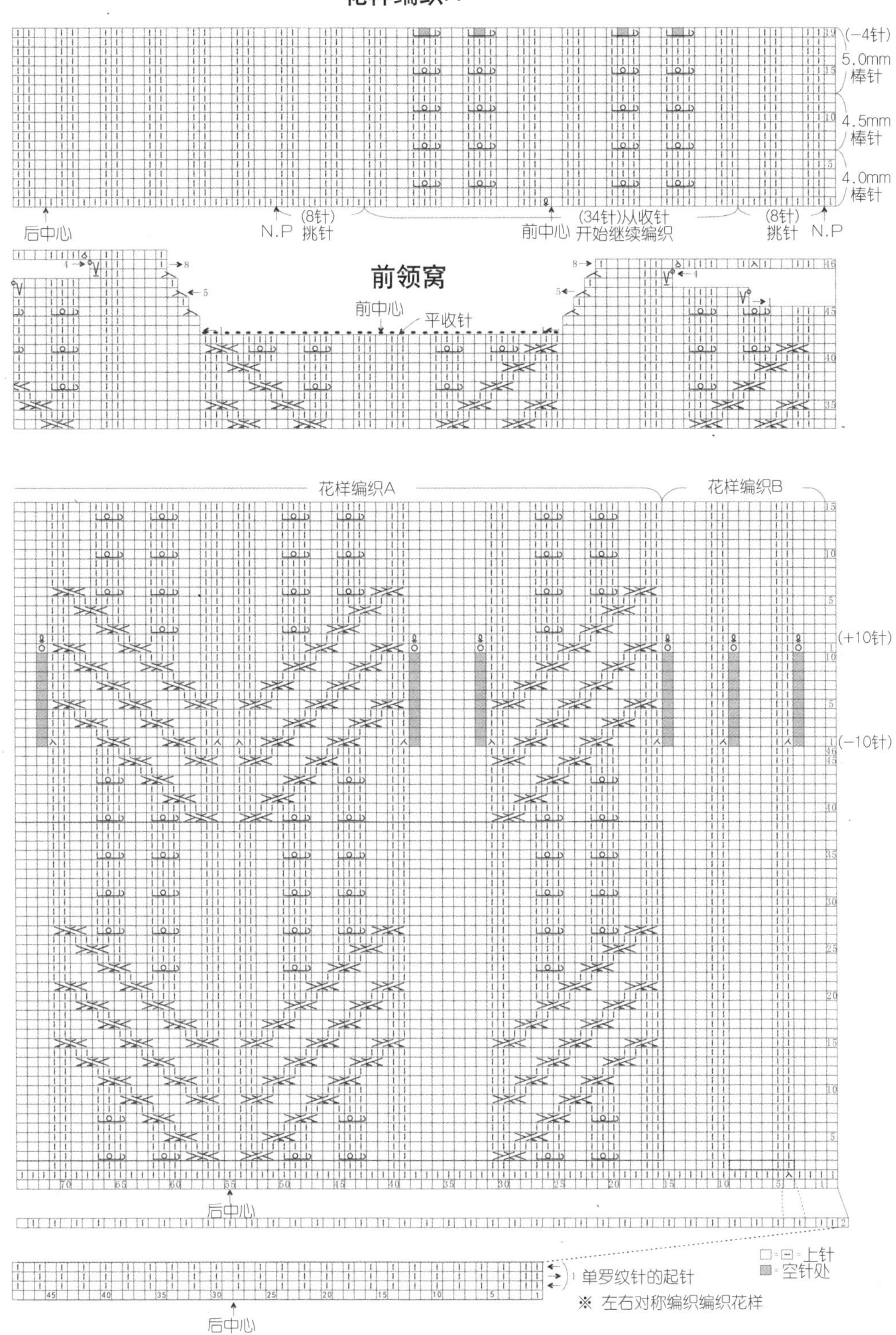

□ = ⊟ = 上针
▨ = 空针处

※ 左右对称编织编织花样

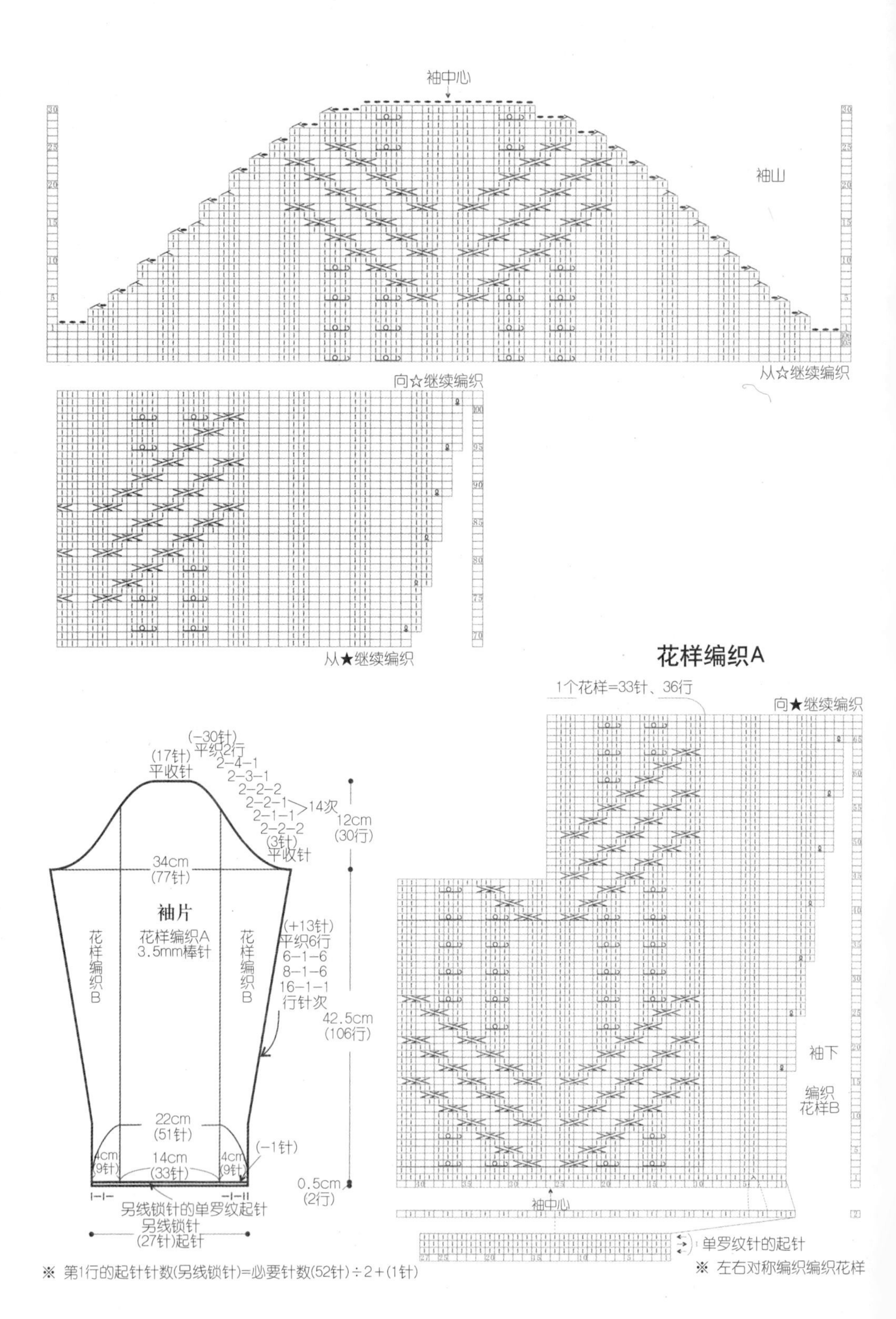

※ 第1行的起针针数(另线锁针)=必要针数(52针)÷2+(1针)

※ 左右对称编织编织花样

NO.17 蓝色经典蝙蝠袖毛衣

前、后身片：另线各起76针，后身片编织164行花样A，前身片编织158行花样A，在159行开始收前领。

袖片：用手指挂线起92针，编织21行花样A，在第22行上分散减46针，并换针号开始花样编织B。袖片两侧各加58针后，两侧另线锁针，各起30针，再一起编织22行。

缝合：将身片肩部正面相对做盖针钉缝，衣领共挑98针，环形编织4行缘编织A。身片肩部与袖中心正面相对，针与行钉缝缝合，从身片的另线锁针起针与衣袖两侧的22行挑针，编织下摆的缘编织B。腋下两侧做引拔针钉缝，使用挑针缝接将缘编织B的行与袖下缝合。完成。

结构图

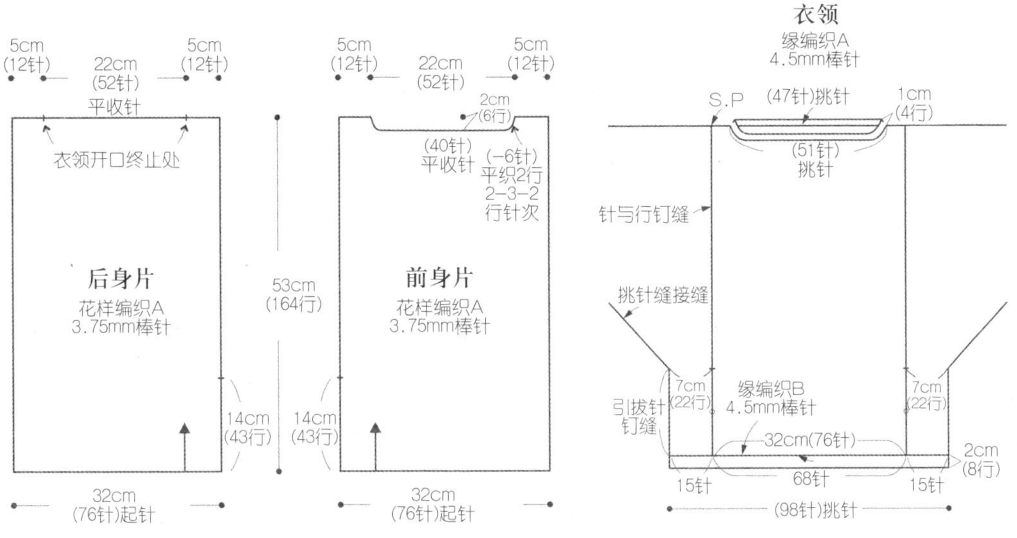

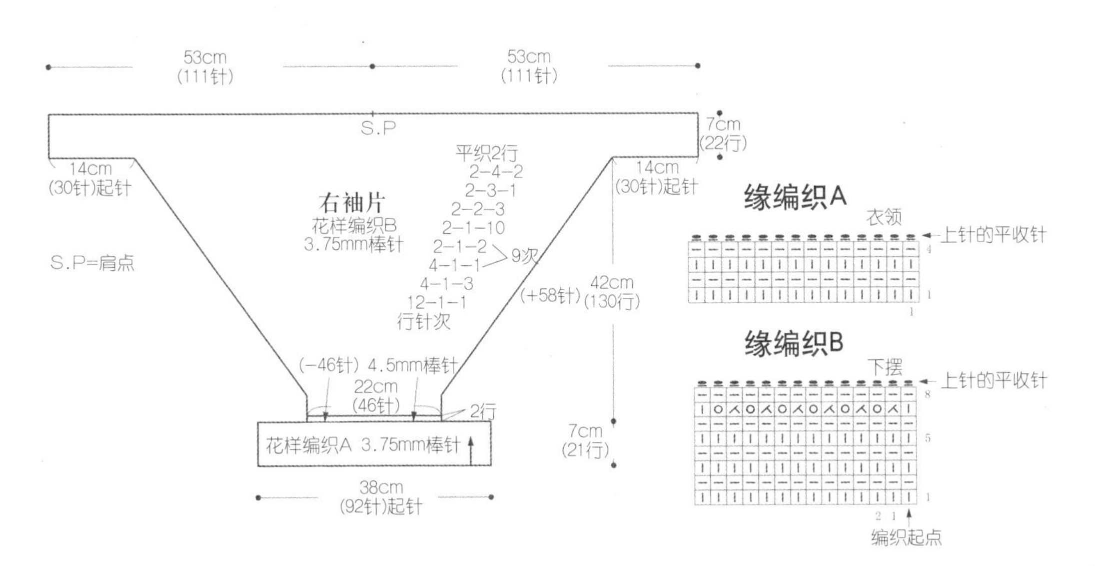

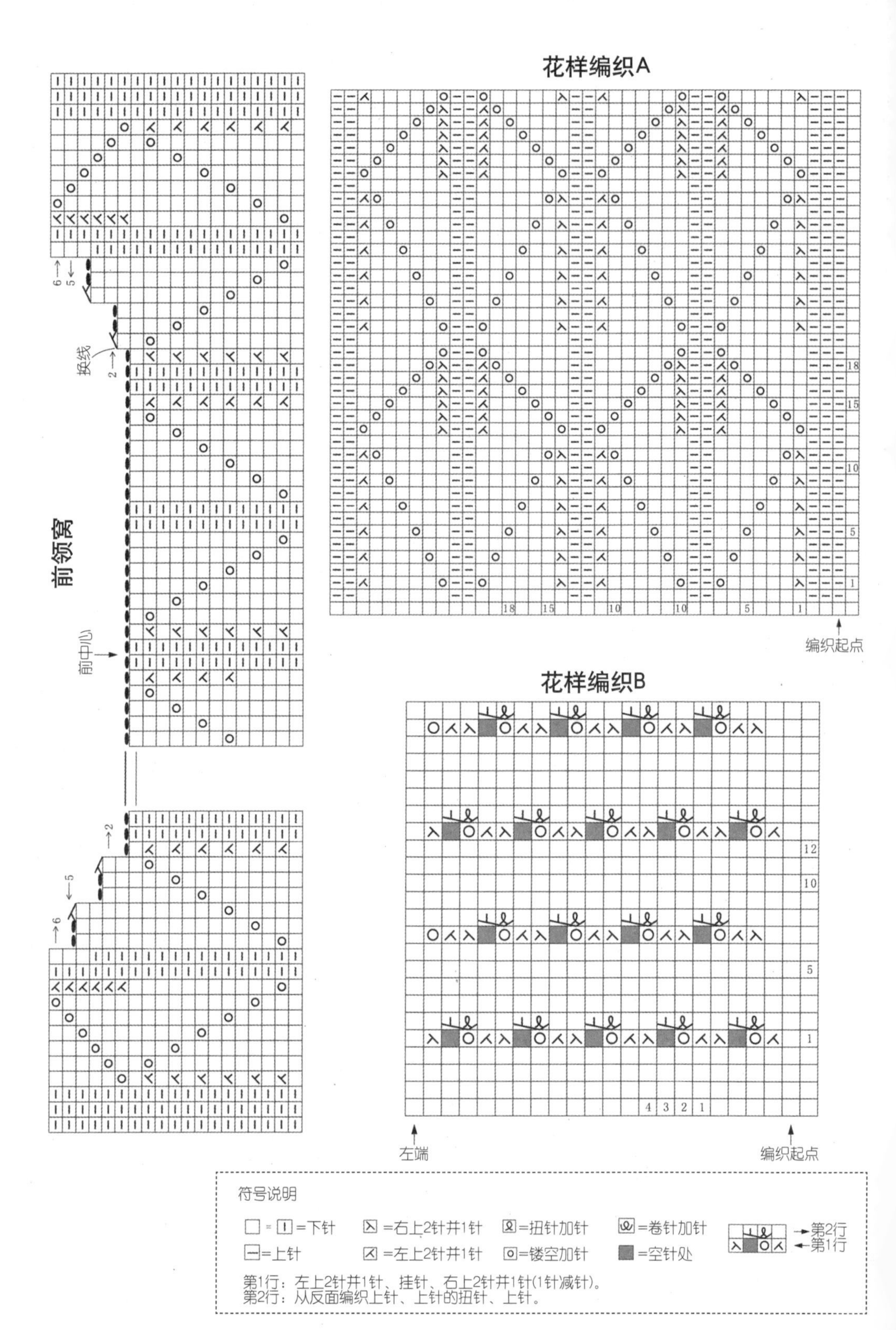
前领窝
前中心
换线
花样编织A
编织起点
花样编织B
左端
编织起点
符号说明
□=□=下针
⊟=上针
⋋=右上2针并1针
⋌=左上2针并1针
Ⓠ=扭针加针
⊙=镂空加针
Ⓠ=卷针加针
■=空针处
第2行
第1行
第1行：左上2针并1针、挂针、右上2针并1针(1针)减针)。
第2行：从反面编织上针、上针的扭针、上针。

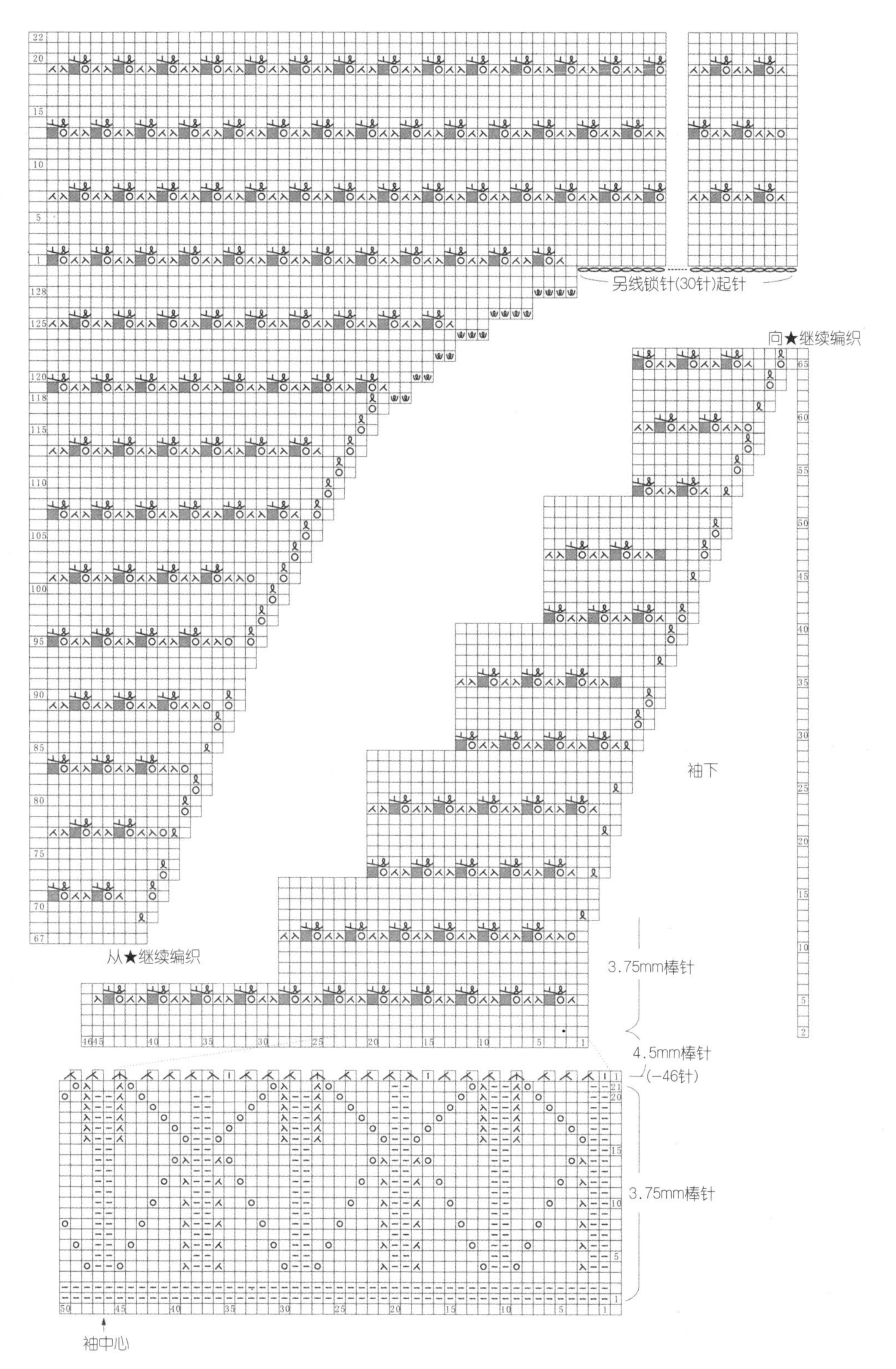
另线锁针(30针)起针
向★继续编织
从★继续编织
袖下
3.75mm棒针
4.5mm棒针
(−46针)
3.75mm棒针
袖中心

NO.18 酒红色育克式套头毛衣

编织要点

前身后片：分别起针片织，后片手指绕线起92针，按图解编织。腋下两侧各平收4针后，编织6行前后差，停针待用。前片与后片编织方法相同，衣身和腋下按图解分开停针待用。

袖片：与衣身片编织方法相同，更换针号大小调整密度，按图解加针。

育克：从前、后身片及左、右袖片挑起相应针数，参照图解编织及分散减针。全部针数减完后，不加不减织3行上、下针后收针。结束。

缝合：最后，将前、后衣身片两侧边及袖下缝合。

结构图

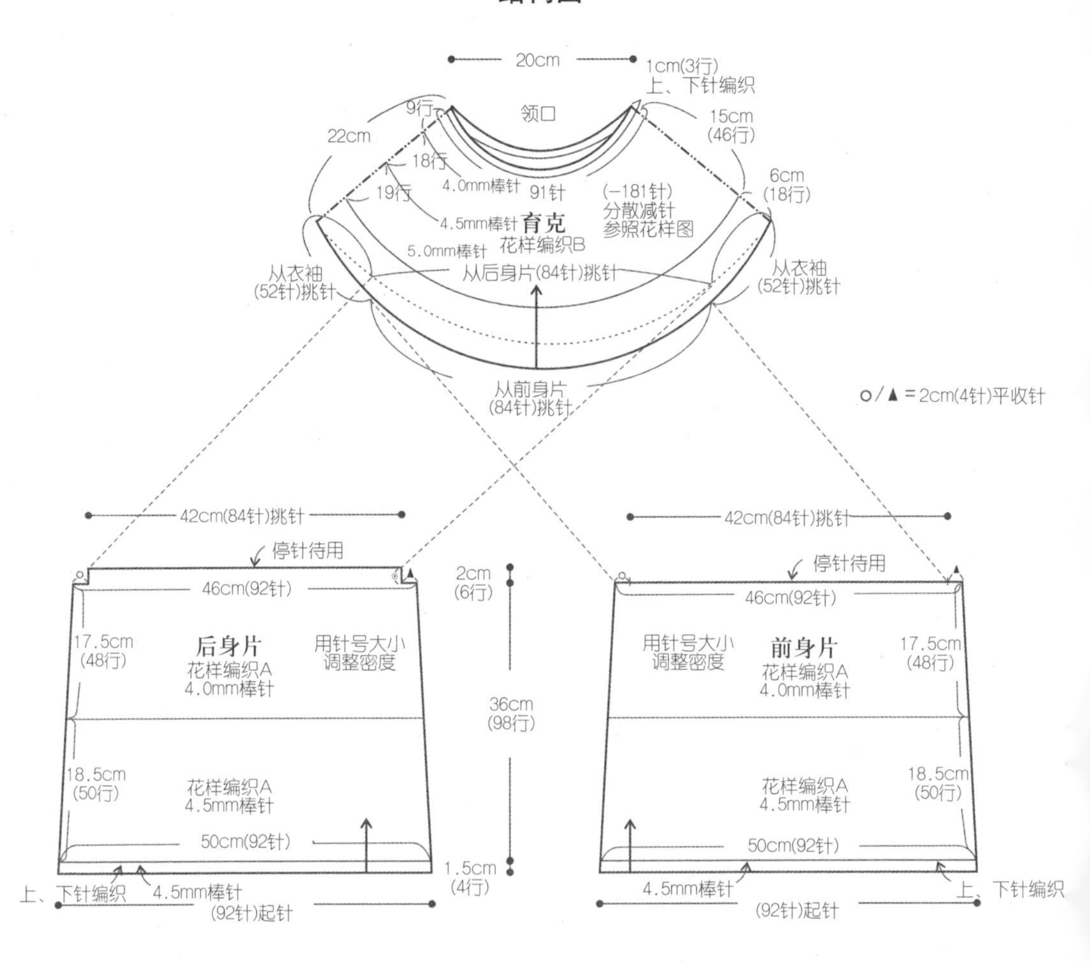

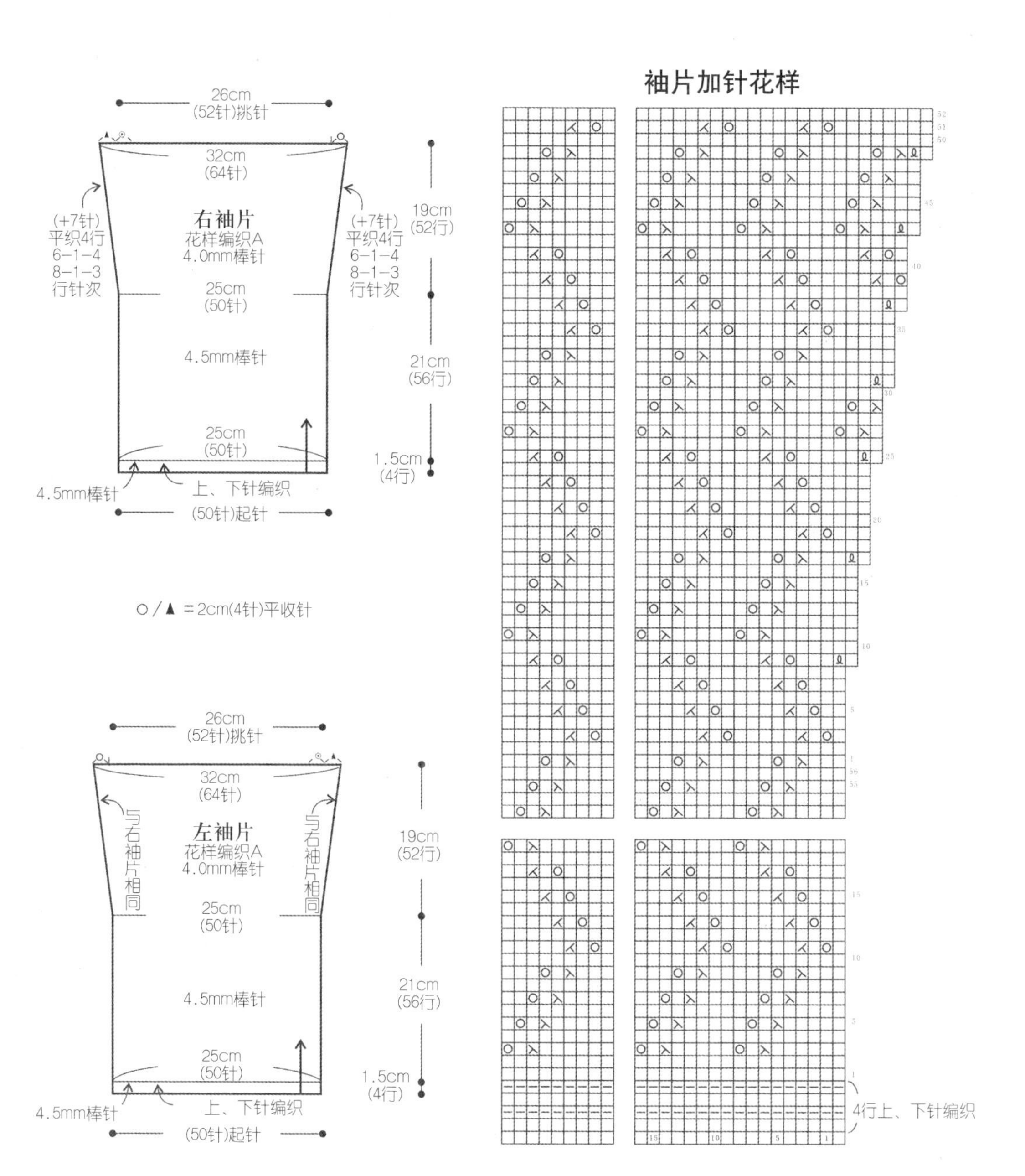

符号说明

- ⊟ =上针
- ⊞ = □ =下针
- ⊡ =镂空加针
- =扭针加针
- =左上2针并1针
- =右上2针并1针
- =左上2针交叉
- =右上2针交叉
- =右上4针交叉
- =左上4针交叉

花样编织A

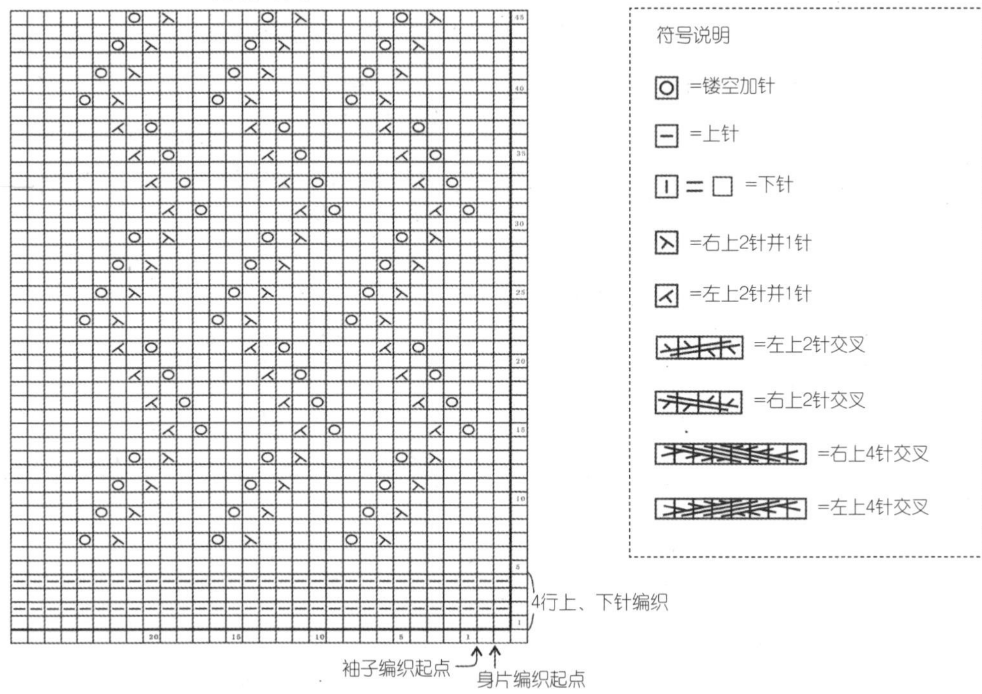
符号说明
=镂空加针
=上针
= =下针
=右上2针并1针
=左上2针并1针
=左上2针交叉
=右上2针交叉
=右上4针交叉
=左上4针交叉
4行上、下针编织
袖子编织起点
身片编织起点

花样编织B

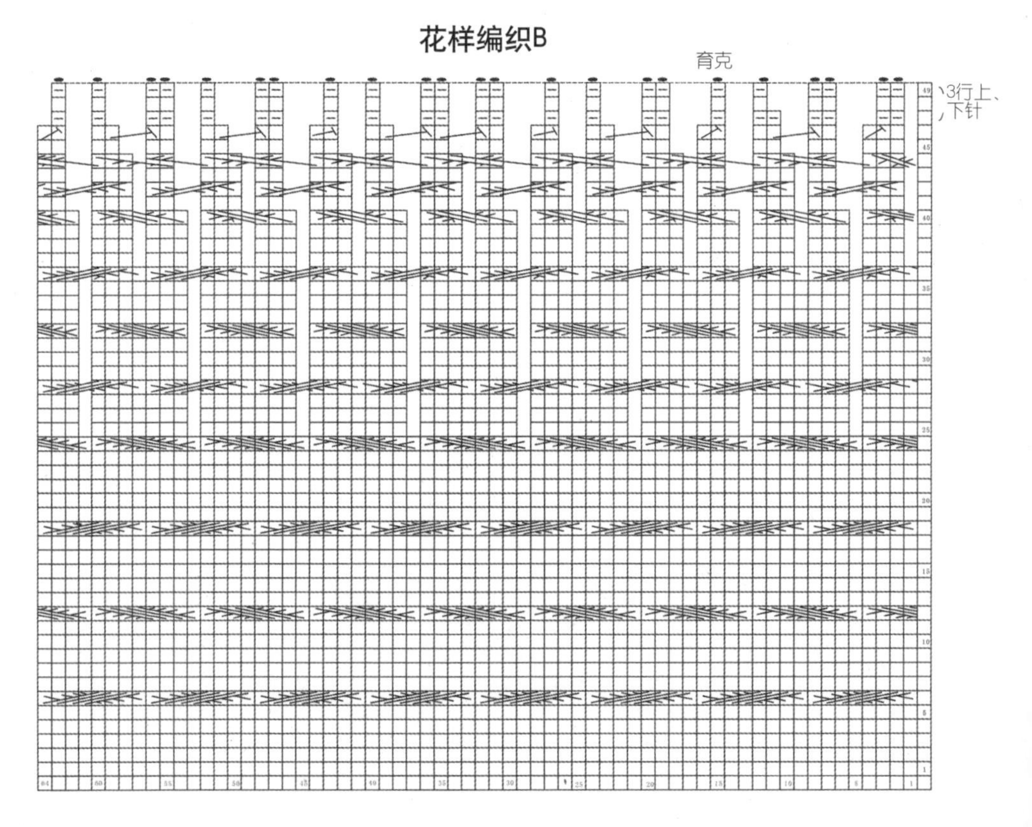
育克
3行上、下针

NO.19 浅蓝韩款小背心

编织要点

前身片：起136针编织6行平针，第7行开始排花样，平织120行花样后，开始收袖窿，编织到165行时收前领口，往上编织到192行，结束前身片编织。

后身片：起136针编织6行平针，第7行开始排花样，平织120行花样后，开始收袖窿，编织到185行时收后领口，往上编织到192行，结束后身片编织。

缝合：将前、后身片肩线对齐缝合，再将身片左、右腋下对齐缝合。完成。

结构图

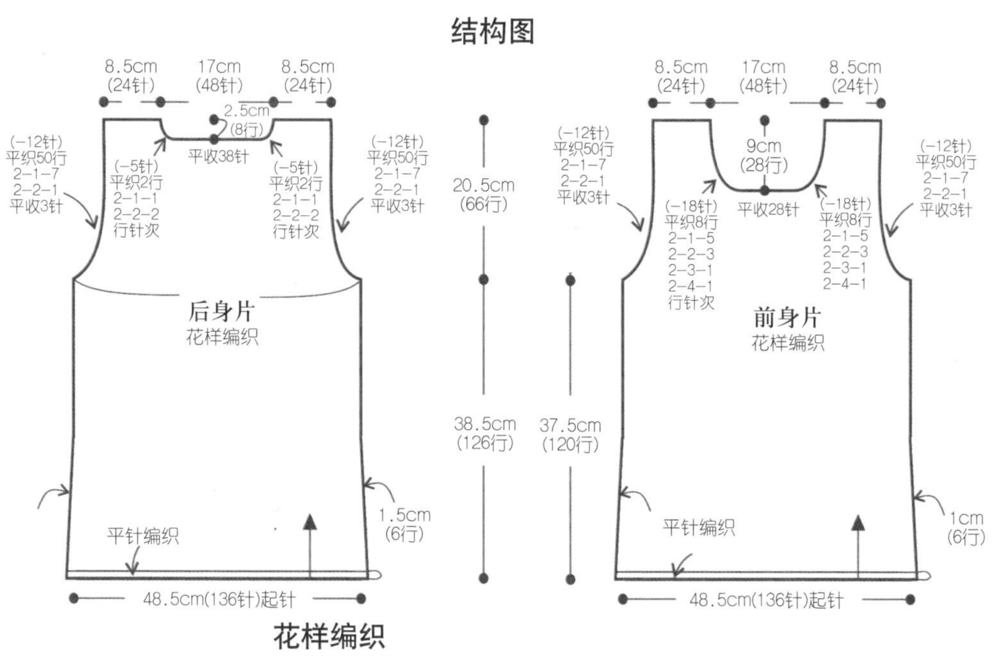

花样编织

																								18
				O	个	O										O	个	O						
			O	人		入	O								O	人		入	O					
		O	人				入	O						O	人				入	O				15
	O	人						入	O				O	人						入	O			
O	人								入	O		O	人								入	O		
				O	个	O										O	个	O						
O	人		O	人		入	O		入	O		O	人		O	人		入	O		入	O		
																								10
O	人	入	O				O	人	入	O		O	人	入	O				O	人	入	O		
			入	O		O	人								入	O		O	人					
O										O	个	O										O	个	
入	O								O	人		入	O								O	人		
	入	O						O	人				入	O						O	人			5
		入	O				O	人						入	O				O	人				
			入	O		O	人								入	O		O	人					
																								1
24				20					15					10					5				1	

12针18行1花样

符号说明

□＝[丨] ＝下针

O＝镂空针

人＝左上2针并1针

入＝右上2针并1针

个＝中上3针并1针

●＝引拔针

后领花样编织

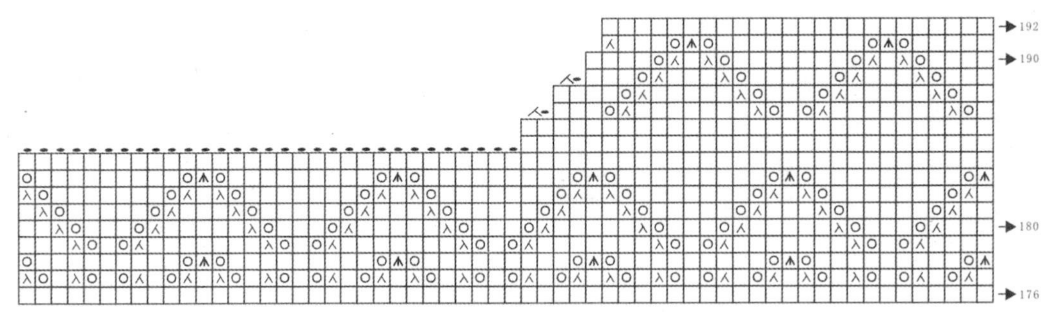

前领花样编织

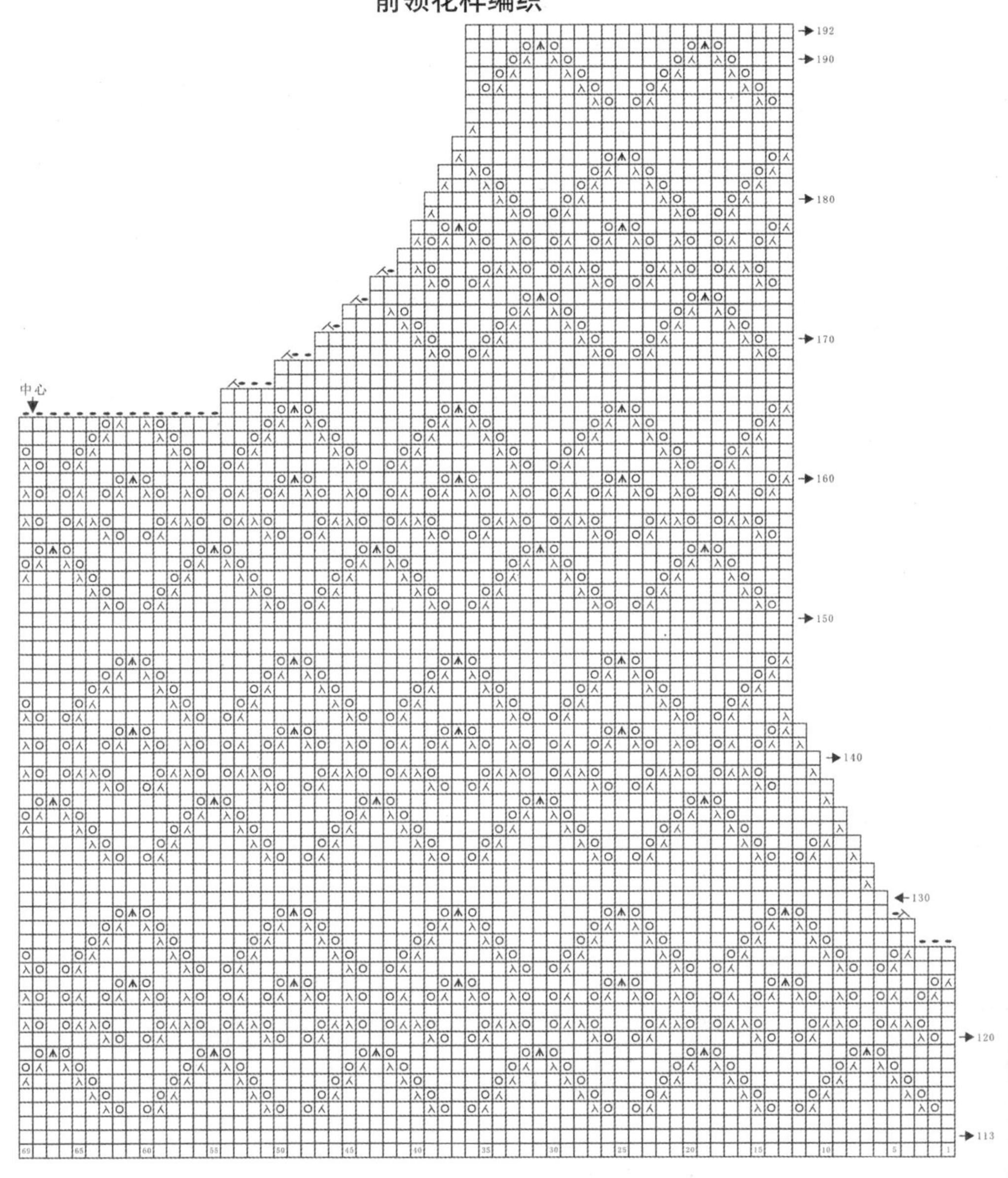

NO.20 圆舞曲韩范大衣

编织要点

前、后身片：衣服分片编织，后身片的部分用手指绕线起92针，按图解从下往上织。前身片起针法与后片相同，起58针往上编织16行桂花针后，按图解分配花样往上编织（前衣襟和衣领处始终编织桂花针）。

袖片：衣袖起针法与后身片相同，在袖下两侧按图解进行扭针加针。

缝合：将编织好的各部分相应位置缝合。

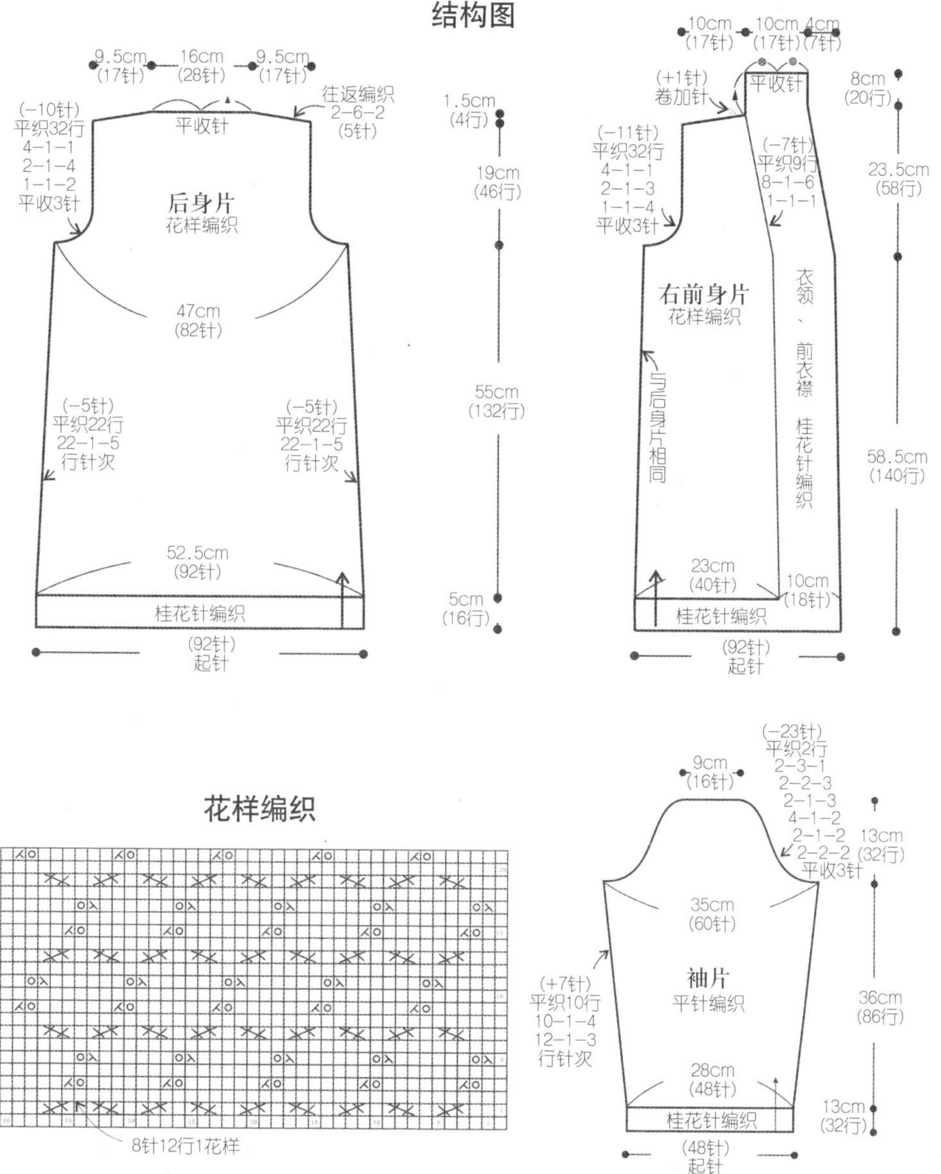

符号说明

⊟=上针

⊡=镂空加针

=卷加针

=扭针加针

⊡=□=下针

=左上2针并1针

=右上2针并1针

=左上1针和2针的交叉

=右上1针和2针的交叉

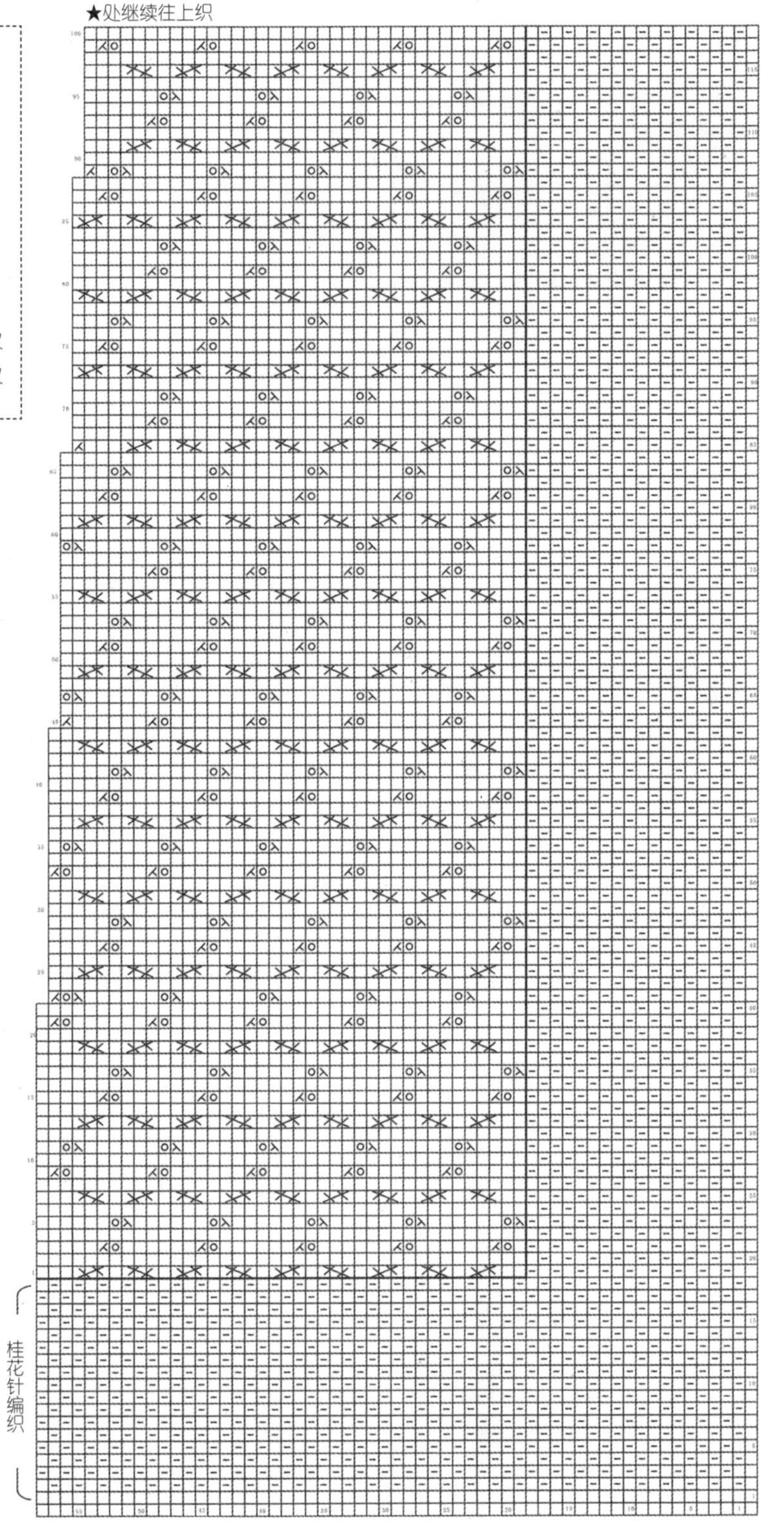

★处继续往上织

桂花针编织

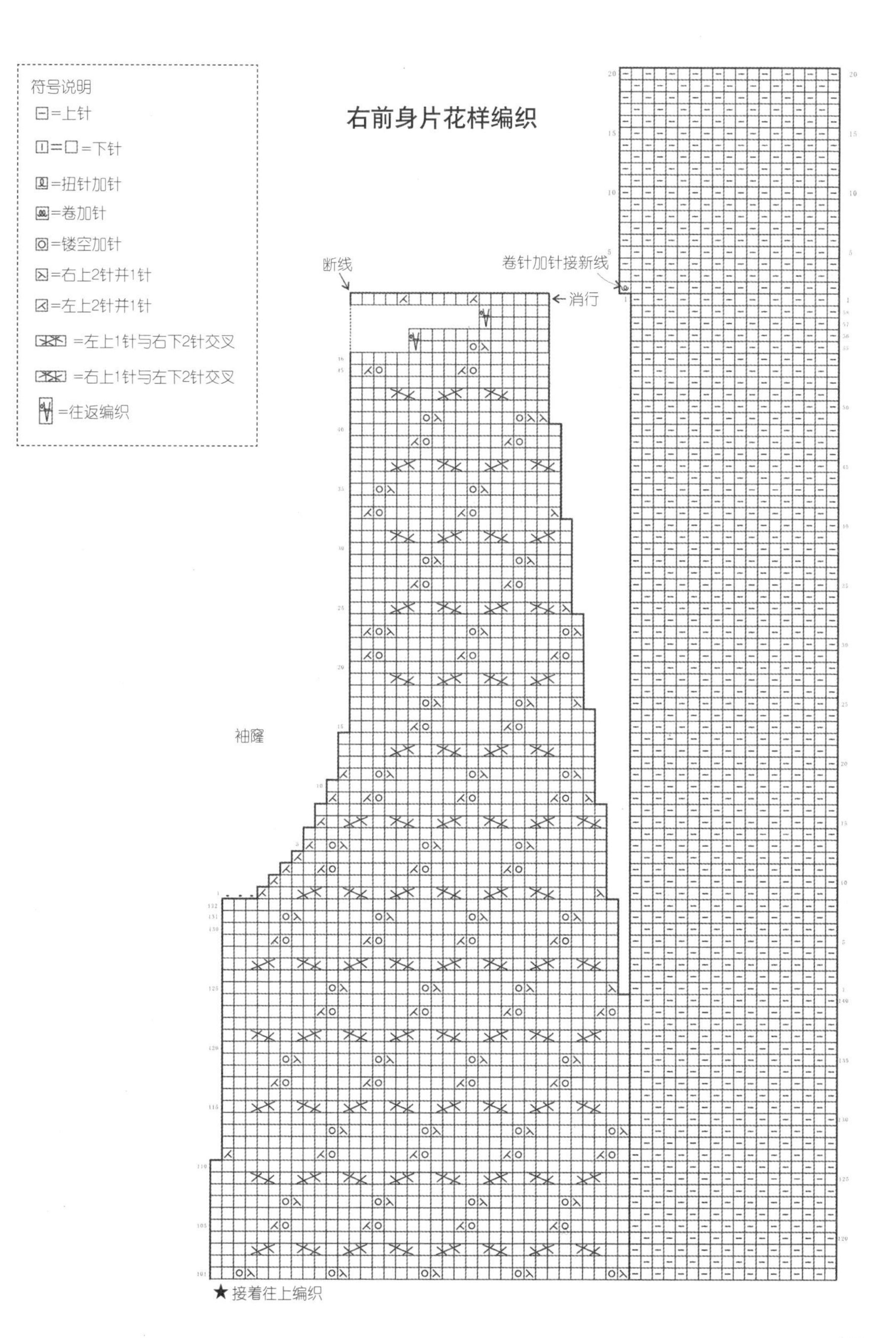
符号说明
=上针
=下针
=扭针加针
=卷加针
=镂空加针
=右上2针并1针
=左上2针并1针
=左上1针与右下2针交叉
=右上1针与左下2针交叉
=往返编织
右前身片花样编织
断线
消行
卷针加针接新线
袖窿
★接着往上编织

NO.21 灰色温暖堆领毛衣

编织要点

前、后身片与袖片：另线锁针起针，按图解编织平针和花样，参照相应图解对袖窿和前、后领进行减针。拆开另线，挑起相应针数，参照图解编织下摆和袖口。将编织好的衣身各部分缝合。

脖套：与身片的起针方法相同，起120针环形编织花样B，同时更换针号以调整编织密度，编织结束的做平针收针。拆开起针的锁针，挑取120针，反方向环形编织单罗纹针，编织终点做单罗纹针收针。

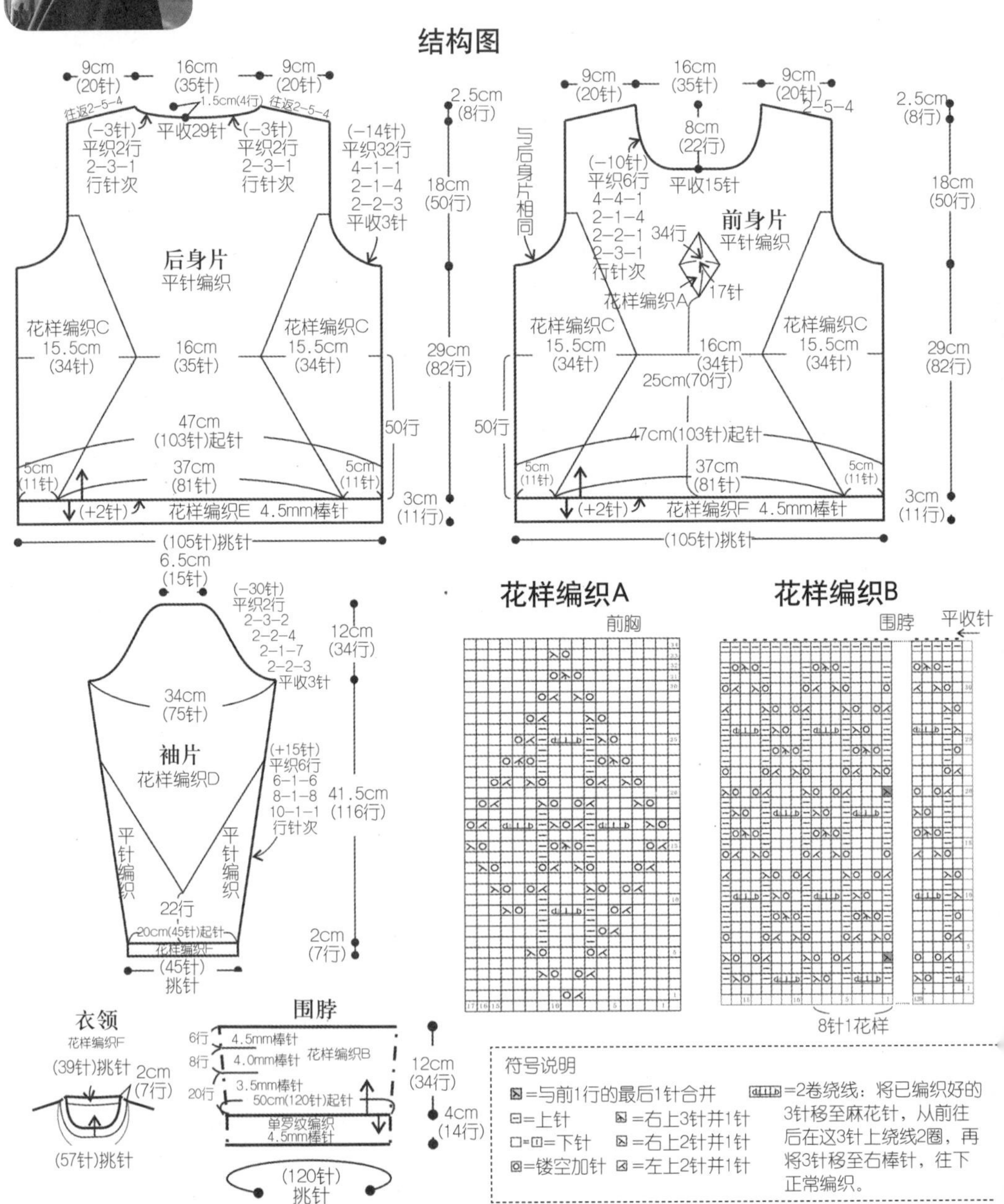

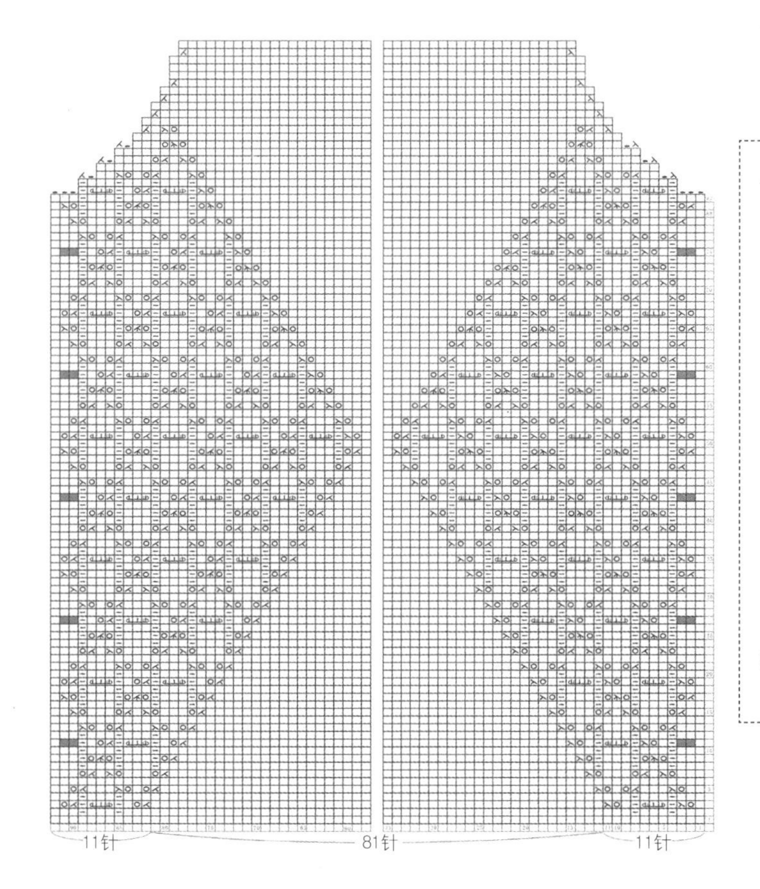

符号说明

[O]=镂空加针

[−]=上针

[ ]=[|]=下针

[⋌]=左上2针并1针

[⋋]=右上2针并1针

[2卷绕线符号]=2卷绕线

[4卷绕线符号]=4卷绕线

[5卷绕线符号]=5卷绕线

4卷绕线：将已编织好的3针移至麻花针，从前往后在这3针上绕线4圈，再将3针移至右棒针，往下正常编织(5卷绕线同上)。

[■]=腋下缝合后，将前后身片的4针上用缝针绕线2圈。

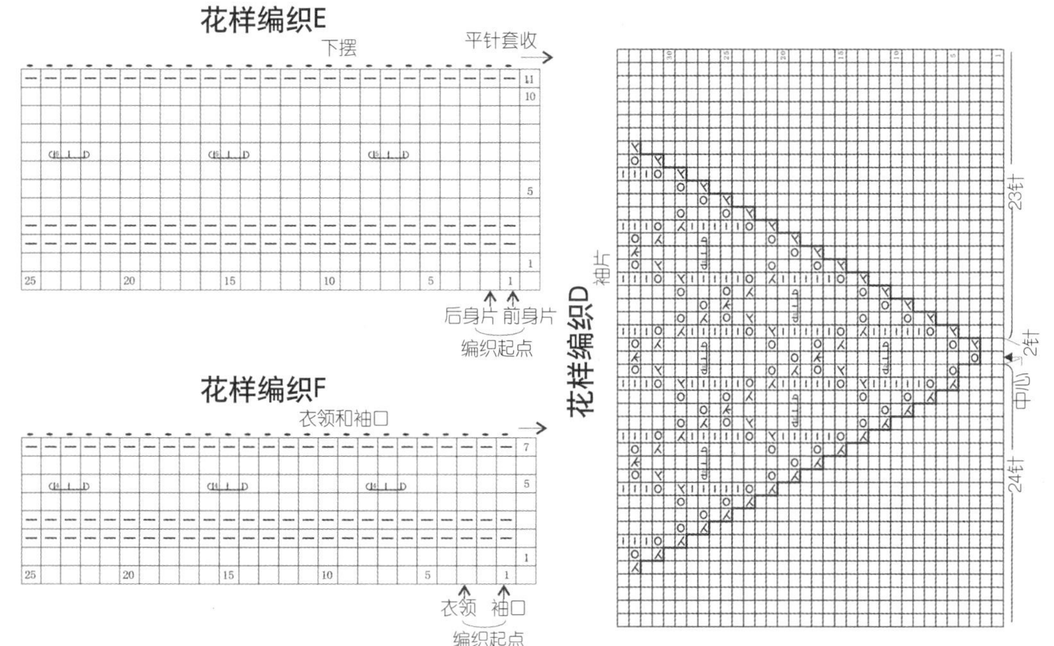

NO.22 慵懒舒适插肩毛衣

编织要点

前、后身片：各用另线锁针起135针片织，参考花样图编织118行开始收插肩线。

袖片：用另线锁针法起63针，参考花样编织图编织下摆与袖口。分别解开另线锁针，挑针编织扭针单罗纹，结束时做双罗纹收针。

缝合：腋窝用下针钉缝，腋下两侧、袖下和插肩线做挑针缝接。

挑针：衣领从左袖开始挑针，环形编织30行。接着在前中心左右各编织1针卷加针，往返编织16行。

结构图

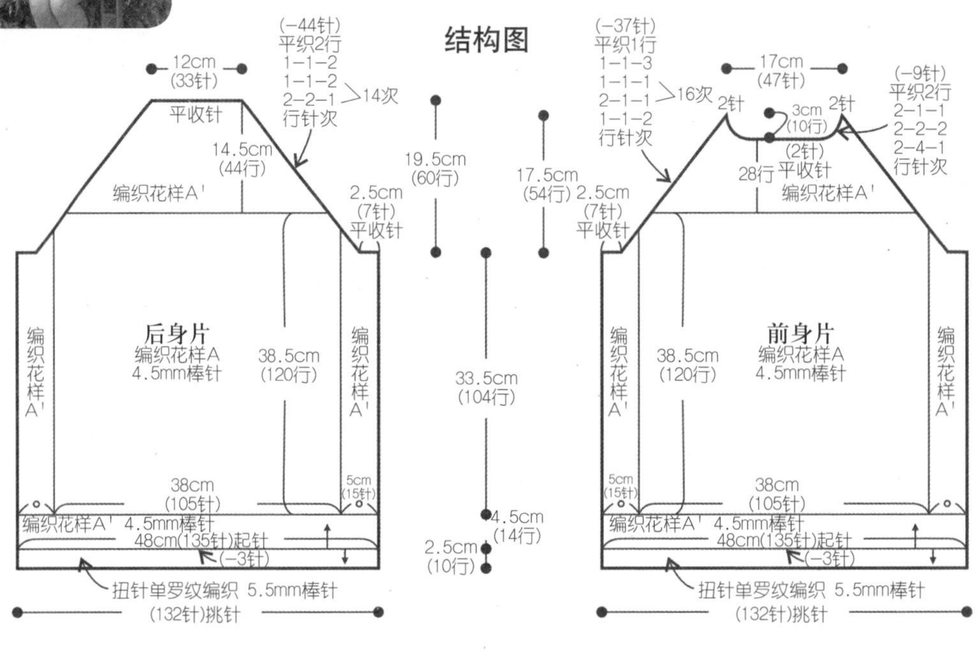

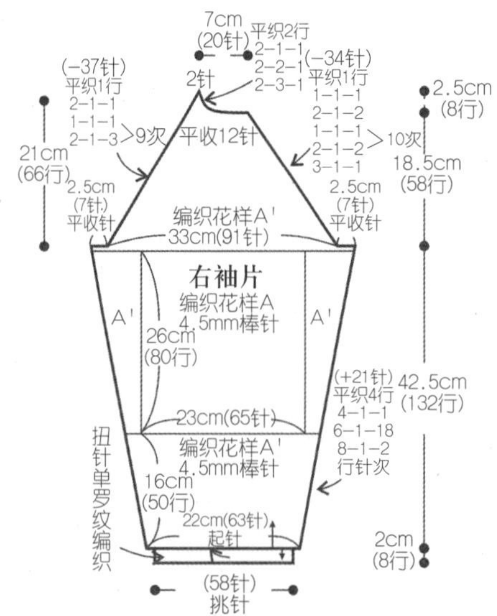

※ 左袖和右袖对称编织

衣领挑针

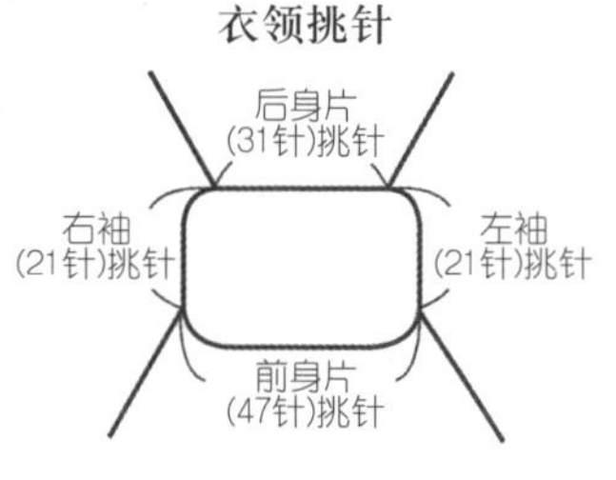

衣领(扭针单罗纹编织)

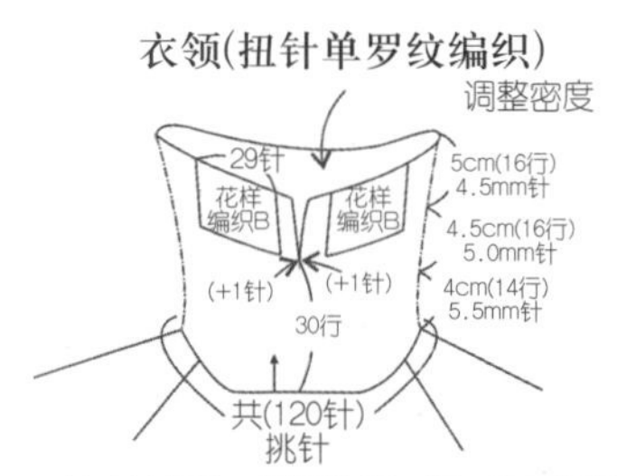

※ 从左袖挑针，环形编织14行，然后看着反面编织16行。接着在前中心左右各编织1针卷针加针，往返编织。

后片插肩减针编织

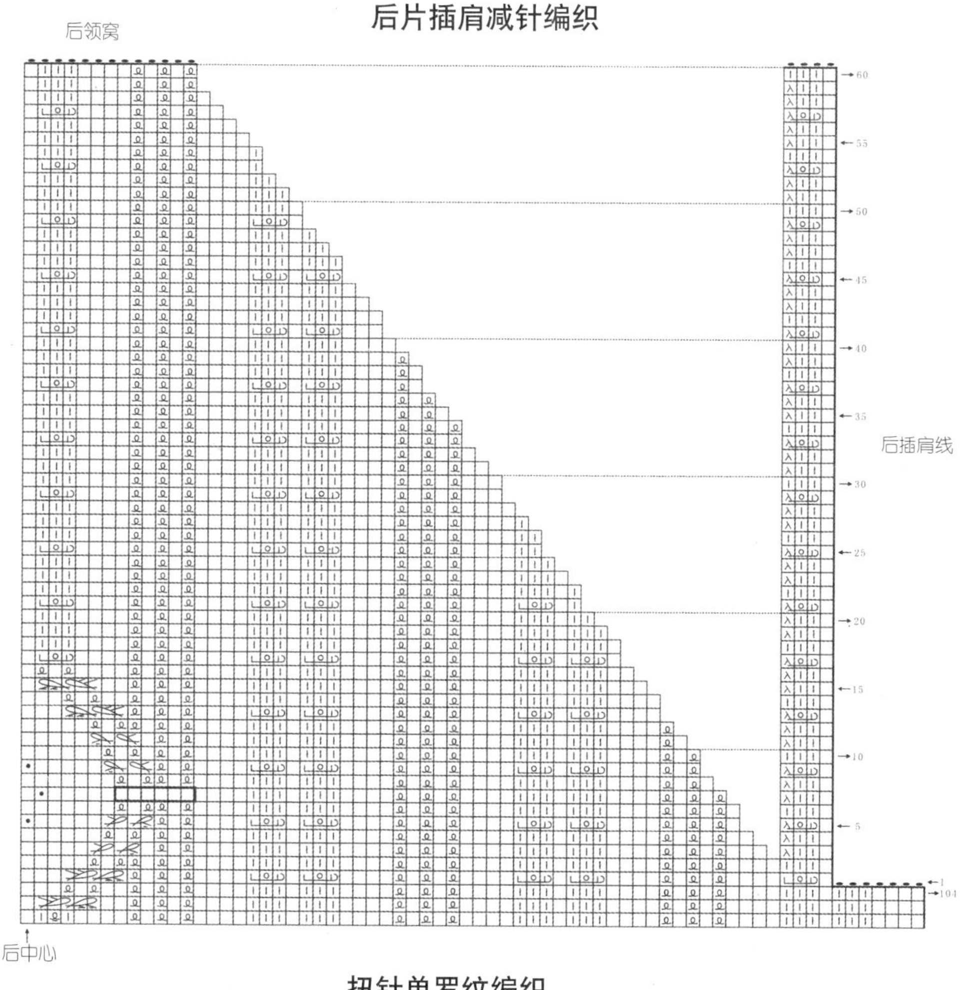

扭针单罗纹编织

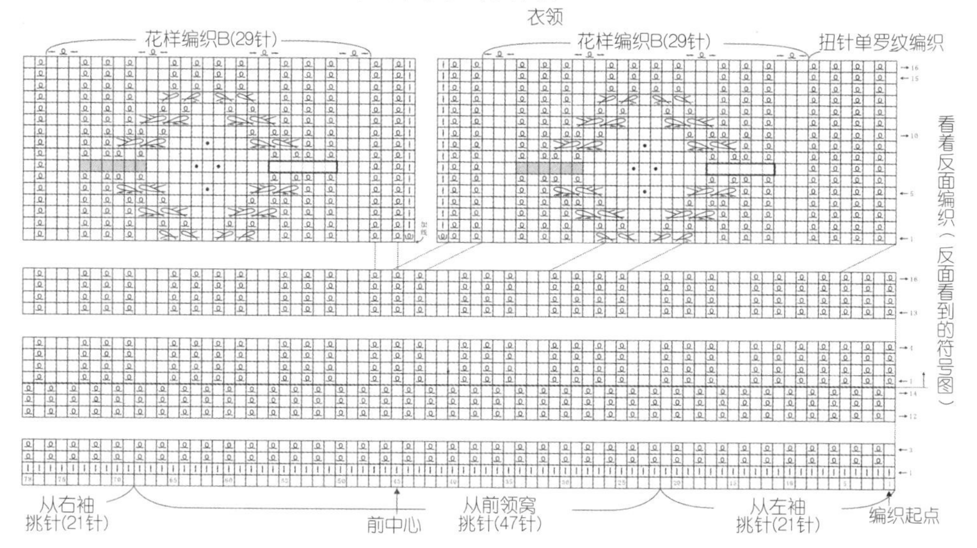

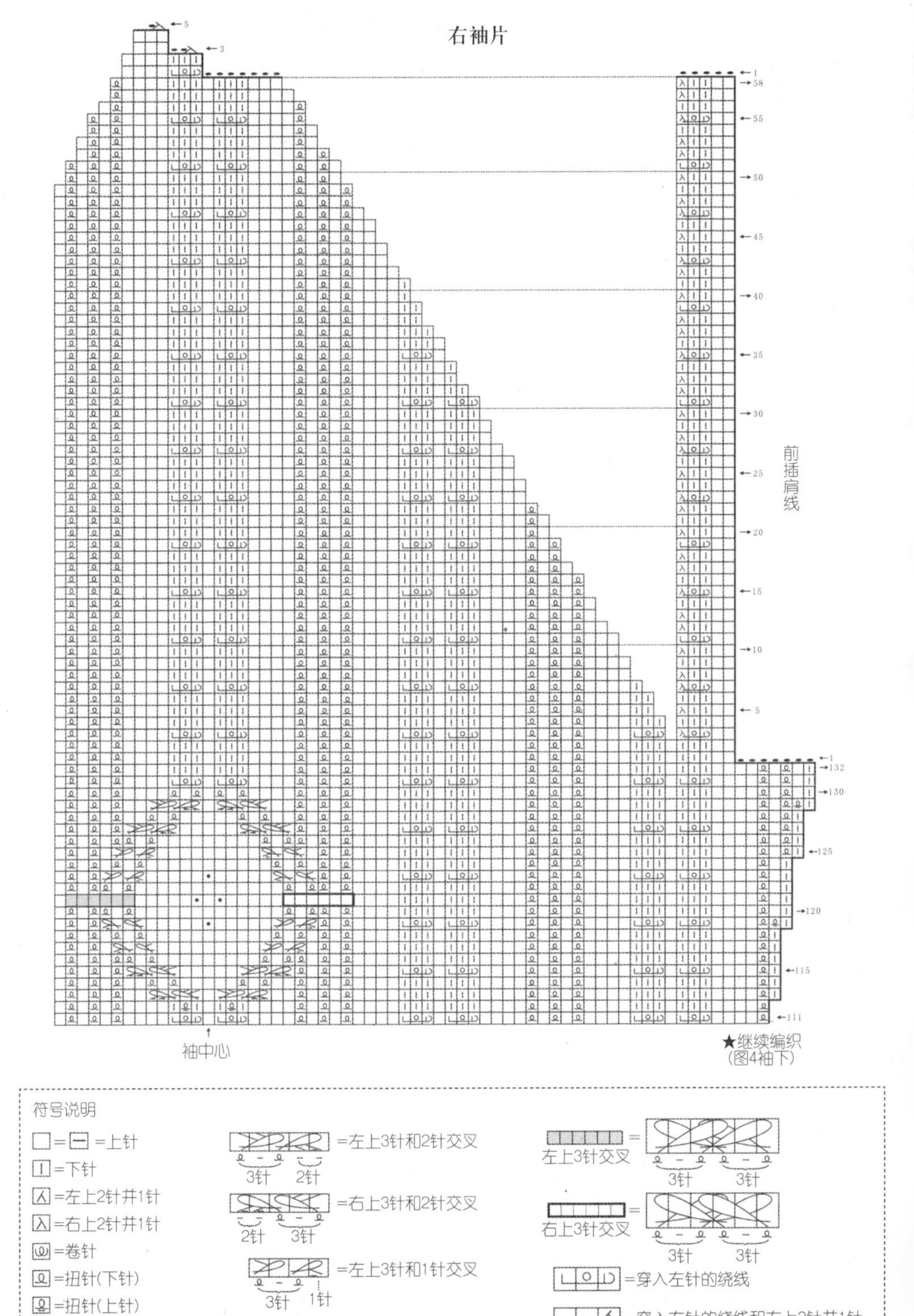
右袖片
前插肩线
袖中心
★继续编织
(图4袖下)
符号说明
=上针
=下针
=左上2针并1针
=右上2针并1针
=卷针
=扭针(下针)
=扭针(上针)
=引拔针
=3针中长针的枣形针
=左上3针和2针交叉
3针 2针
=右上3针和2针交叉
2针 3针
=左上3针和1针交叉
3针 1针
=右上3针和1针交叉
1针 3针
左上3针交叉
3针 3针
右上3针交叉
3针 3针
=穿入左针的绕线
=穿入左针的绕线和左上2针并1针
=穿入左针的绕线和右上2针并1针

袖下加针花样编织

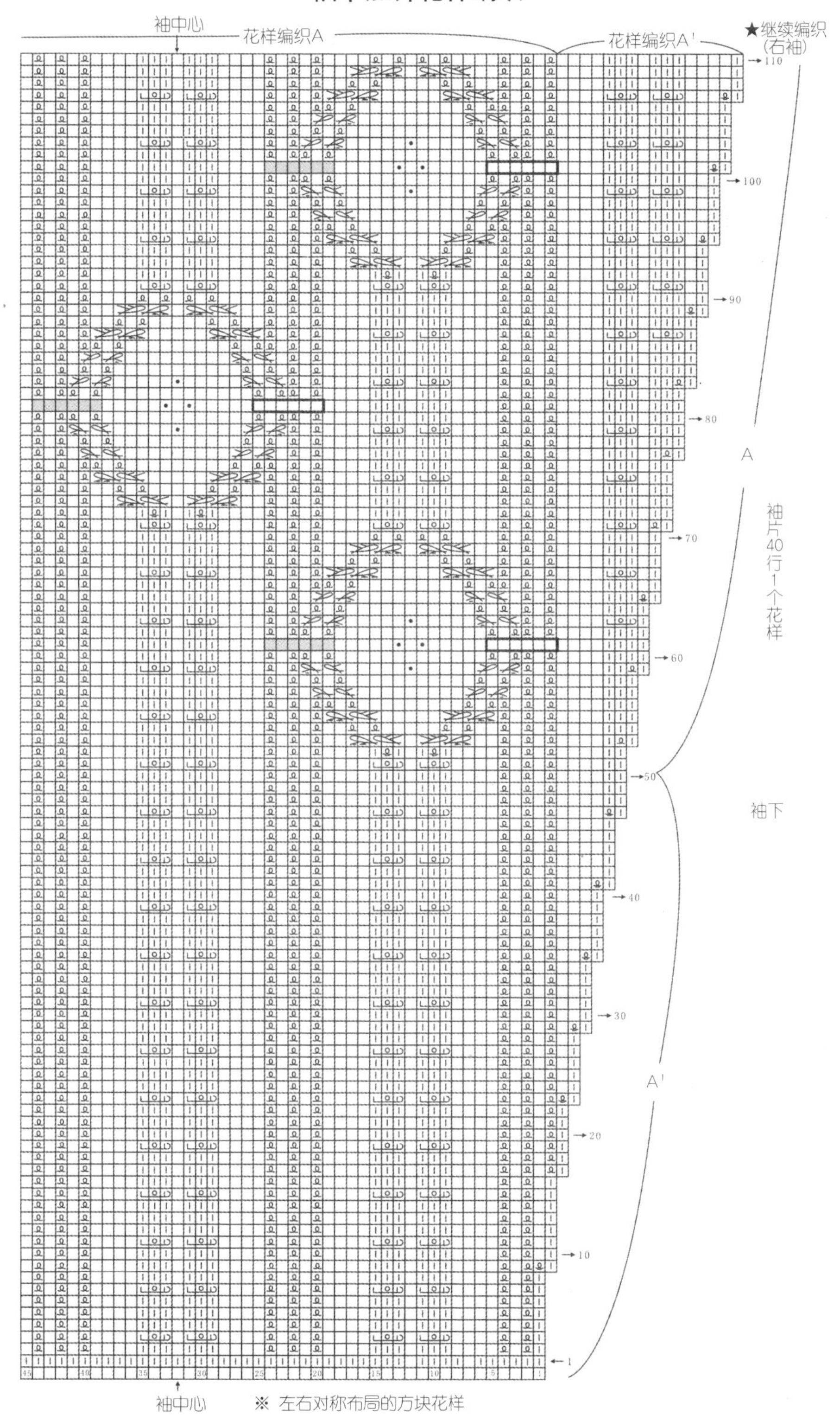

袖中心
花样编织A
花样编织A'
★继续编织
(右袖)
110
100
90
80
A
袖片40行1个花样
70
60
50
袖下
40
30
A'
20
10
1
45
40
35
30
25
20
15
10
5
1
袖中心
※ 左右对称布局的方块花样

NO.23 俏皮中袖小开衫

编织要点

前、后身片：分别片织，用手指绕线起针，下摆织6行上、下针后，开始织花样。

加针方法：1针的加针是在开头的1针内侧，挑起渡线扭针加针，2针以上的用卷加针。

领口的减针：1针减针时，将第1针和第2针2并1减针，2针或以上减针时用平收方式减针。

缝合：将身片的肩部相对引拔缝合，身片和袖下挑针接缝缝合。

挑针：领、衣襟、袖口的上、下针编织是从身片边缘（如图所示）挑针，织5行上、下针，编织结束时平收。

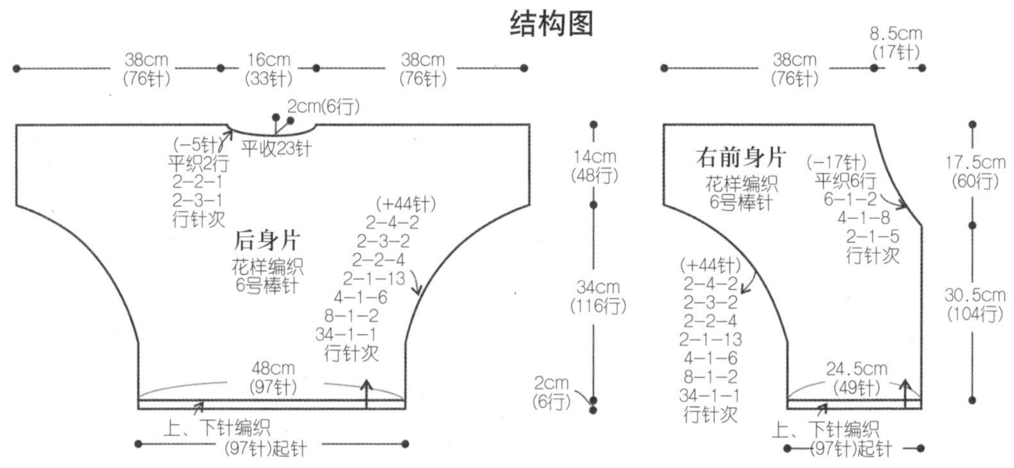

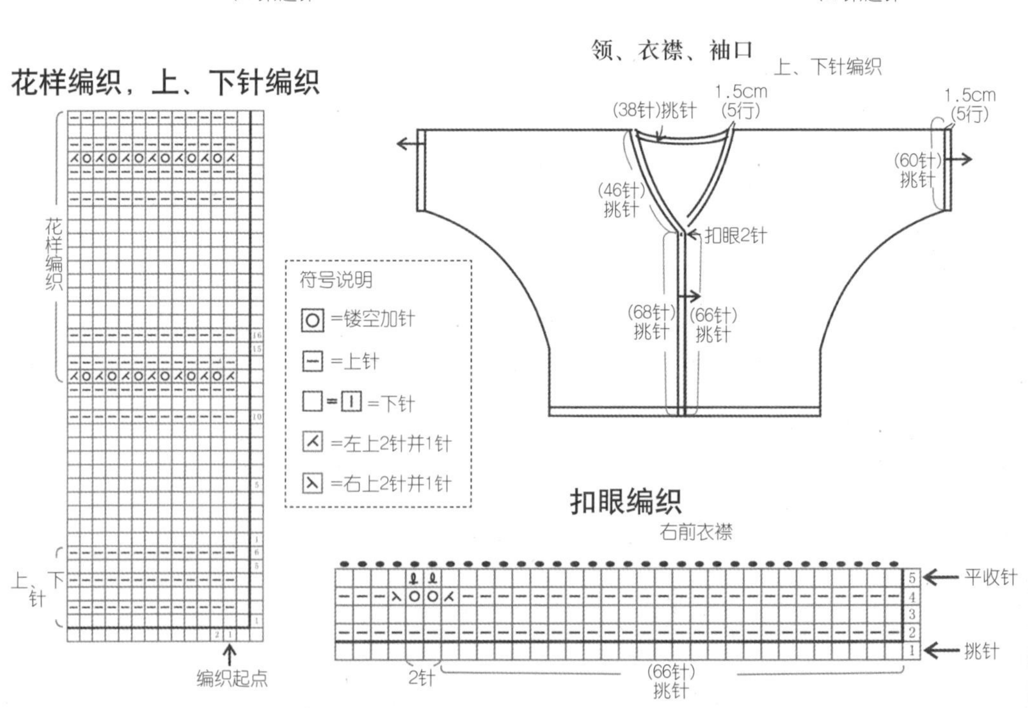

NO.24 柔软蓝色系套头毛衣

编织要点

前、后身片：分别用另线锁针起87针，编织82行花样，开始收袖窿，余最后6行时开始收领口。

袖片：用另线锁针法起39针，两侧按图解各加13针，编织92行花样后开始收袖山。

挑针：将下摆和袖口的另线锁针解开，并分别挑针编织6行上、下针。

缝合：将身片肩部正面相对做引拔钉缝，两侧和袖下做挑针接缝。衣领挑针，环形编织6行上、下针。最后用半针回针缝法将衣袖与身片缝合。完成。

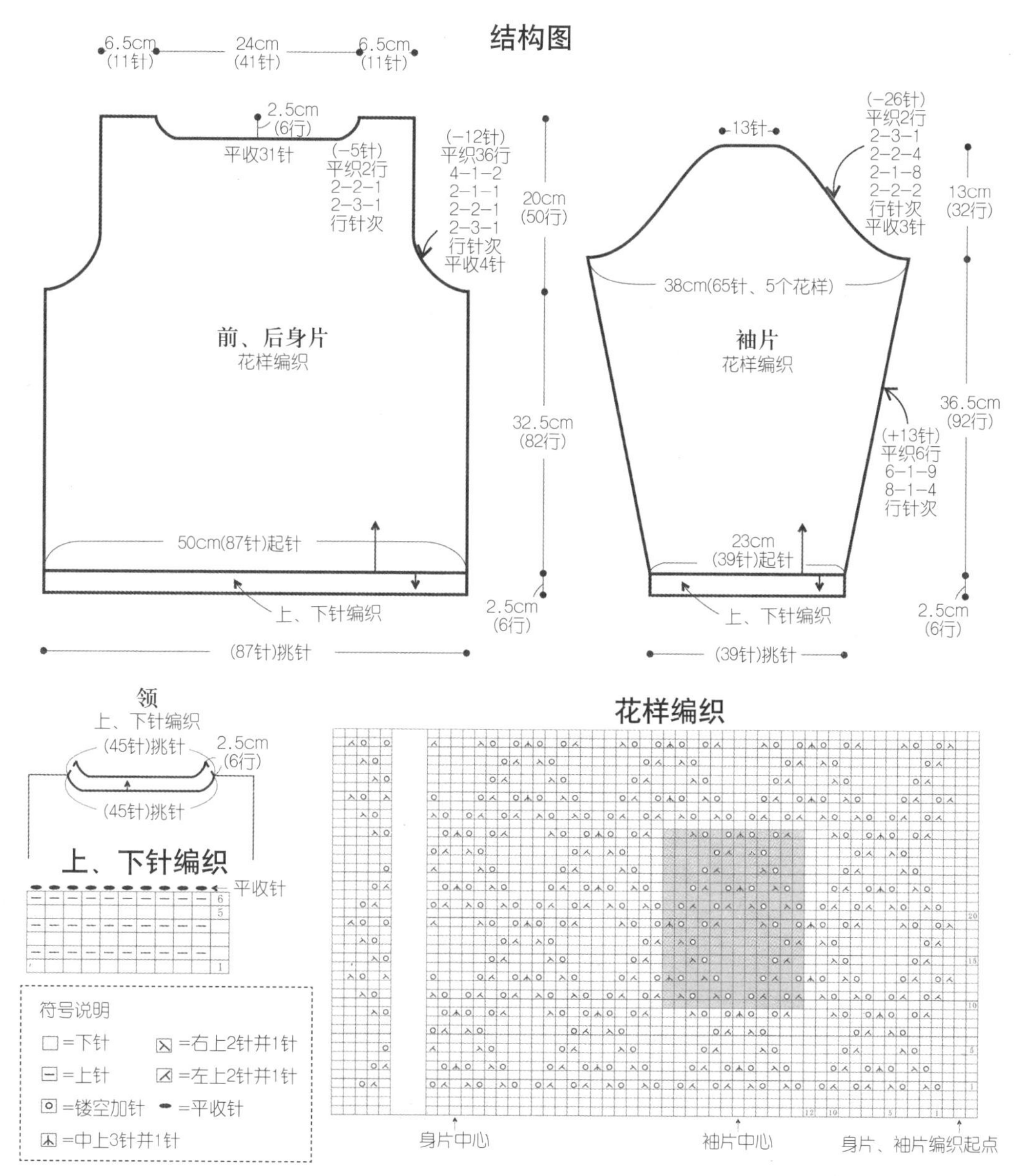

NO.25 大麻花流苏披肩

编织要点

身片：用手指绕线起针法，分别起针编织左前片、右前片和两个后片。左、右前片分别织到73行后，第13针移至防解别针上，暂时停针，再按图解编织剩下的部分。

缝合：所有身片完成后，将前、后片按图解所示缝合，再将符号相同的部分缝合。完成。

帽子：分别在左、右前片挑36针，以及别针上停针的13针，共挑49针织帽子，完成后缝合。

流苏：最后按图解制作流苏 ，长度为15cm。

结构图

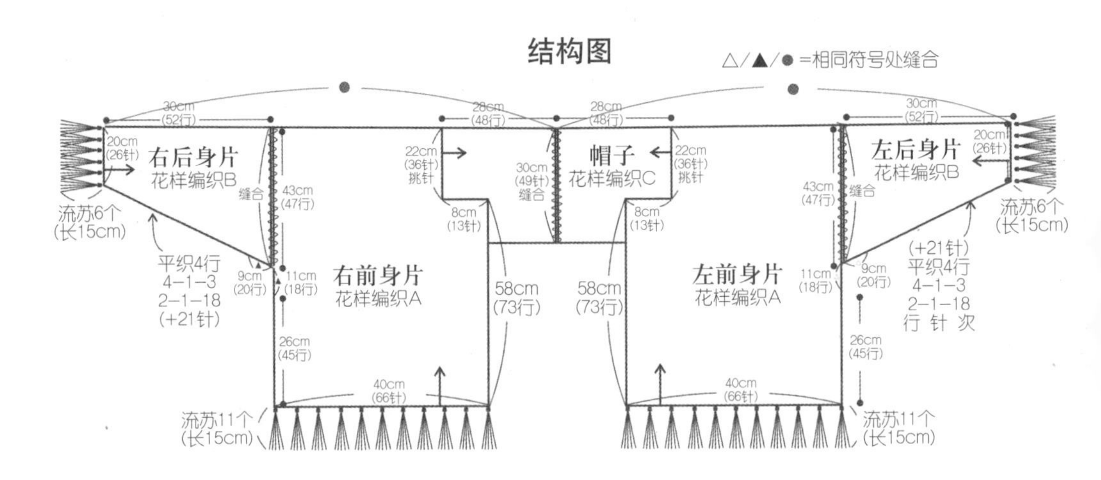

花样编织B

右后身片

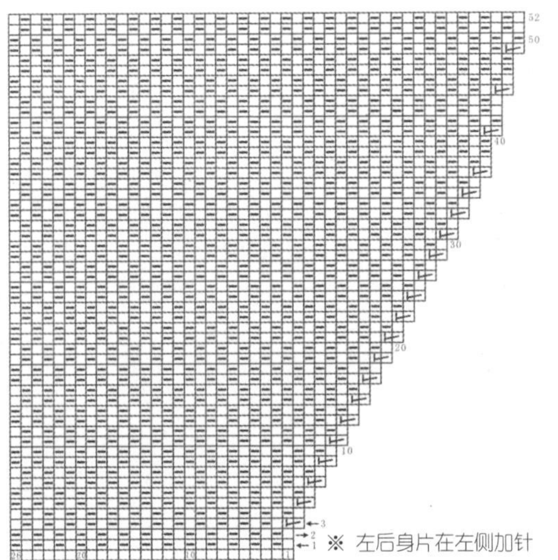

花样编织C

帽子

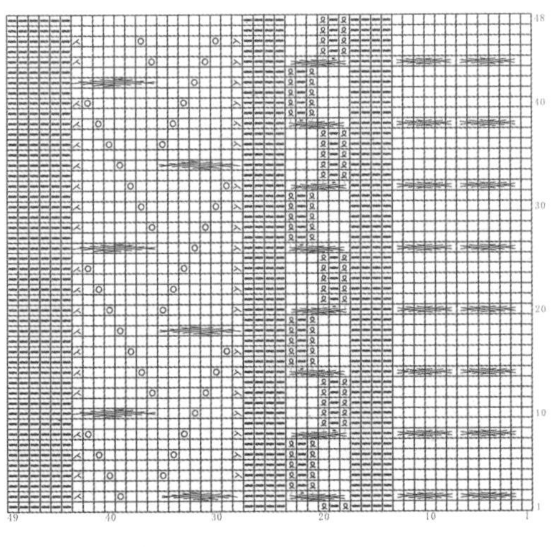

花样编织A

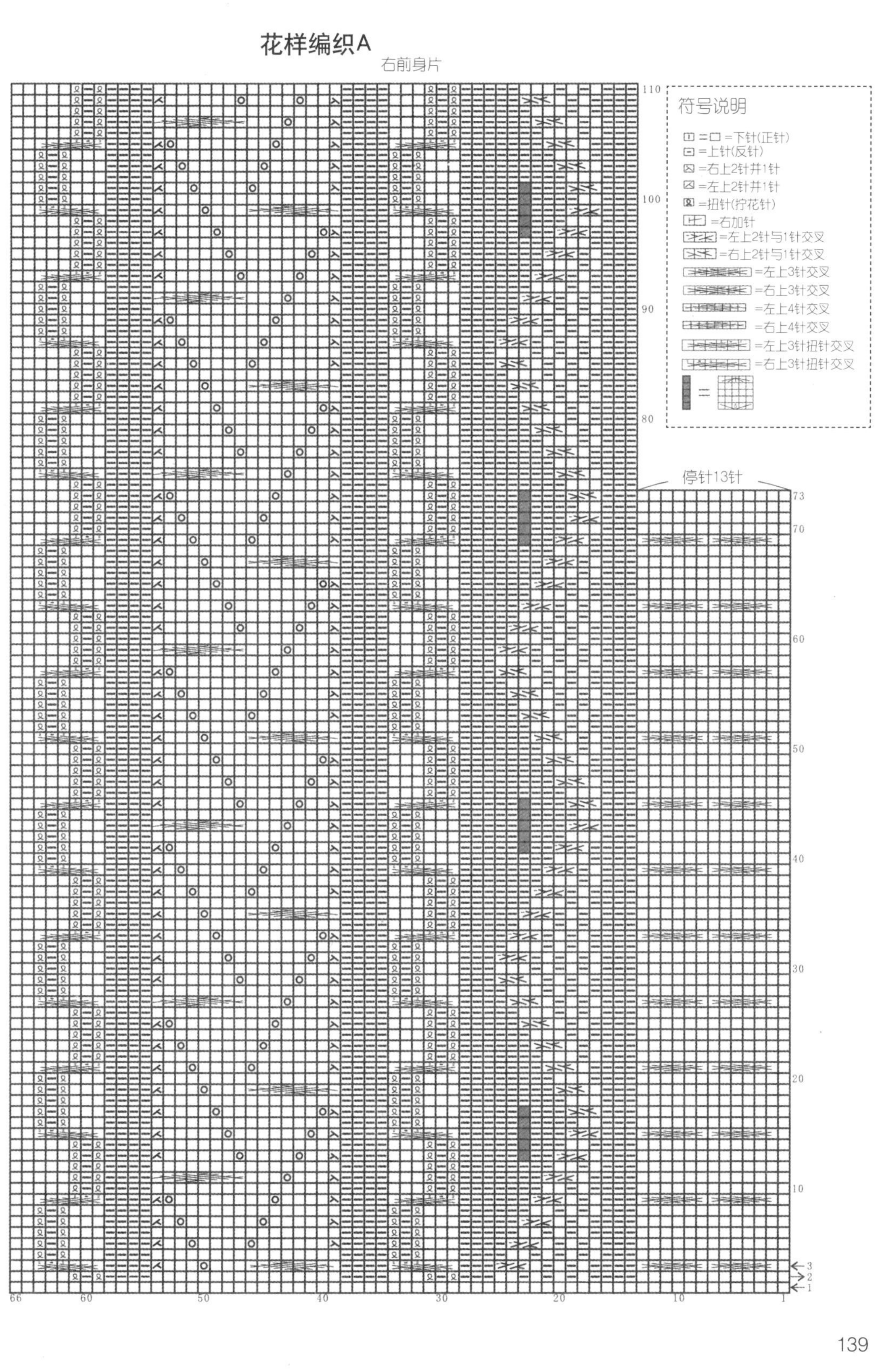
右前身片
符号说明
=下针(正针)
=上针(反针)
=右上2针并1针
=左上2针并1针
=扭针(拧花针)
=右加针
=左上2针与1针交叉
=右上2针与1针交叉
=左上3针交叉
=右上3针交叉
=左上4针交叉
=右上4针交叉
=左上3针扭针交叉
=右上3针扭针交叉
停针13针

NO.26 茧形优雅披肩

编织要点

身片：另线锁针起154针后开始编织，按图解编织花样，结束编织时停针。

缝合：在起针的锁针上挑针，将上、下49针处对齐重叠，引拔缝合（留出袖口针数）。

袖片：从编织起点一侧的正中位置向上、下各挑28针（共56针），圈织双罗纹35行后收针。另一侧织法相同。

挑针：下摆和领边按10行挑9针的方法挑针，领边、下摆各挑针260针，一共是520针，圈织30行双罗纹。双罗纹编织15cm后结束并以双罗纹收针，将包扣和绳固定在相应位置上。

结构图

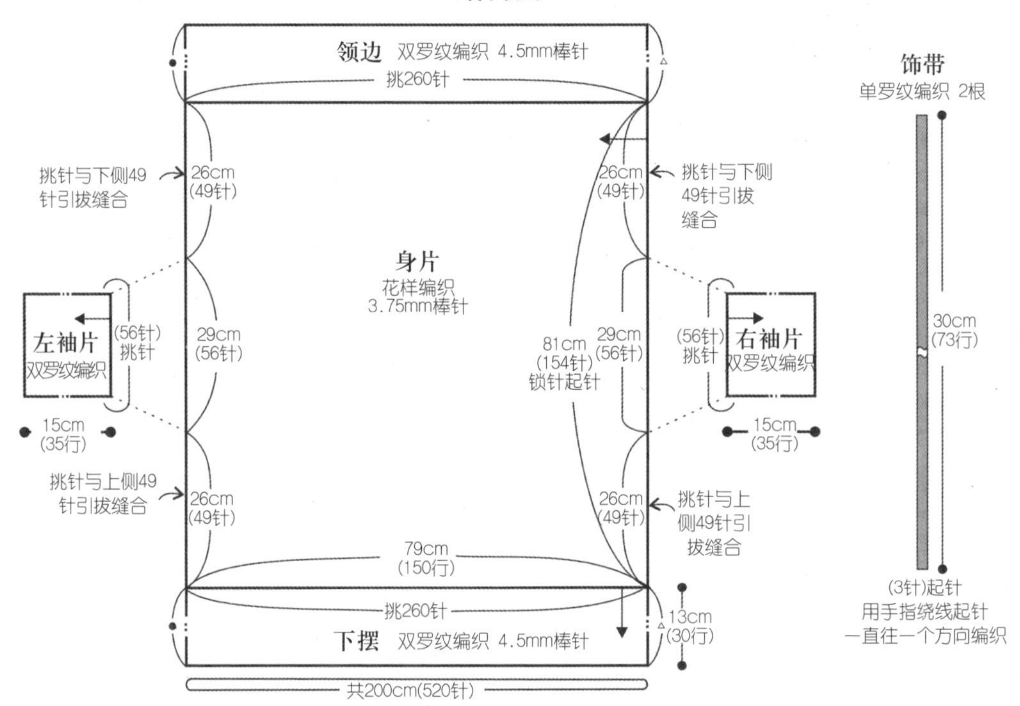

花样编织

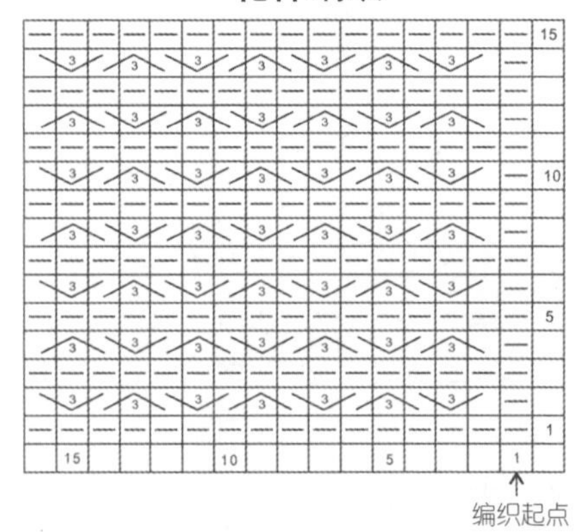

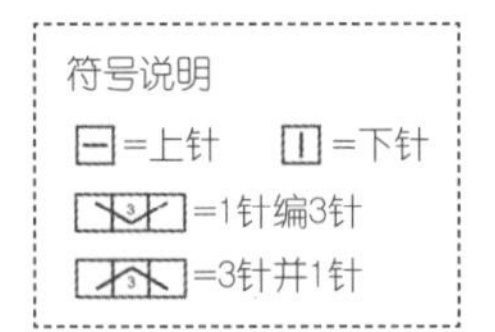

双罗纹编织

—	—	|	|	—	—	|	|	—	—	|	|	
—	—	|	|	—	—	|	|	—	—	|	|	
—	—	|	|	—	—	|	|	—	—	|	|	5
—	—	|	|	—	—	|	|	—	—	|	|	
—	—	|	|	—	—	|	|	—	—	|	|	
—	—	|	|	—	—	|	|	—	—	|	|	
—	—	|	|	—	—	|	|	—	—	|	|	1
		10					5				1	

包扣

6/0号钩针 2个

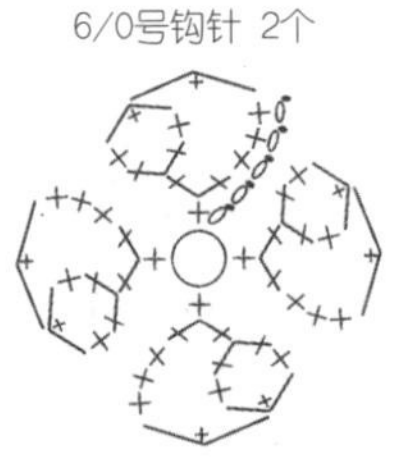

将25mm的包扣放入，然后在行的针目里过线拉紧。

NO.27 一字领露肩毛衣

编织要点

后身片：用4.0mm棒针起129针，按图解编织11行单罗纹。再换4.5mm棒针平织112行花样，参照图解完成肩部的往返编织与后领的收针。

前身片：用4.0mm棒针起129针，按图解编织21行单罗纹。再换4.5mm棒针平织112行花样，参照图解完成肩部的往返编织与前领的收针。

袖片：用4.0mm棒针起45针，织9行单罗纹，换4.5mm棒针，开始编织花样，按图解完成袖片编织。

领：用4.0mm棒针沿领窝挑97针，织7行单罗纹后用罗纹收针法收针。

缝合：将前、后身片缝合并（前片比后片短4cm）留出袖口的位置，袖片与袖窿缝合。完成。

结构图

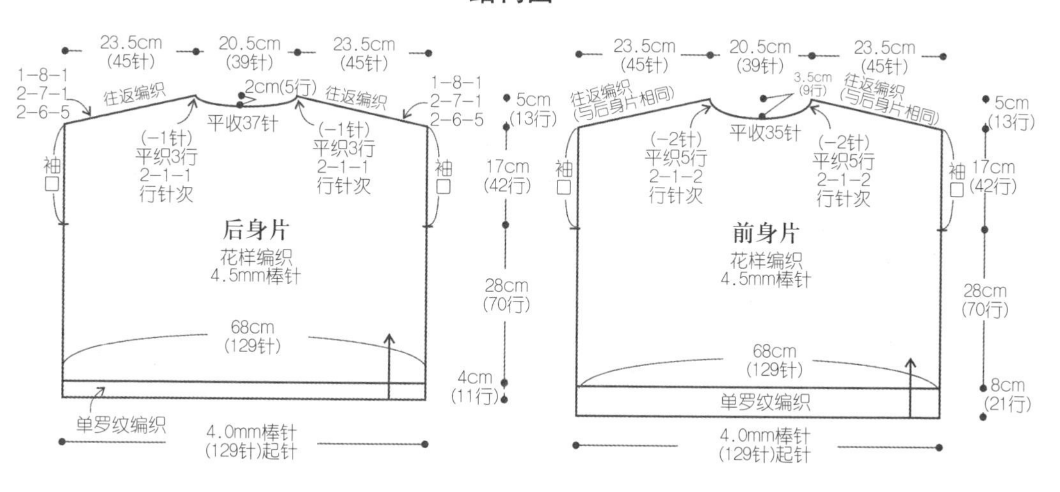

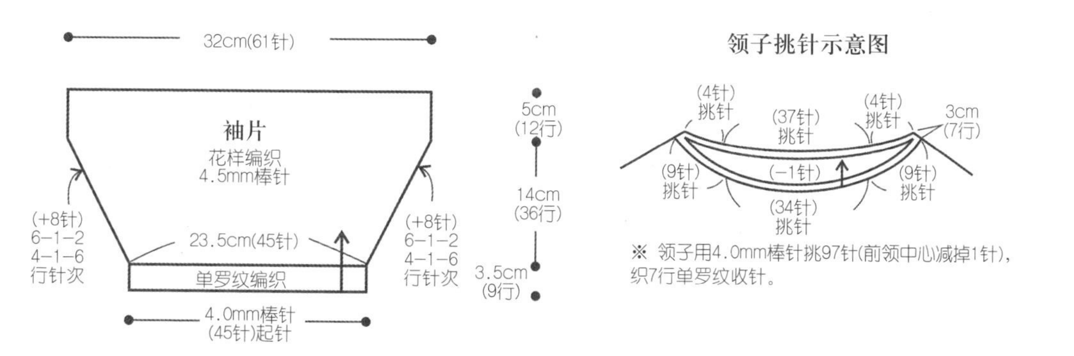

花样编织

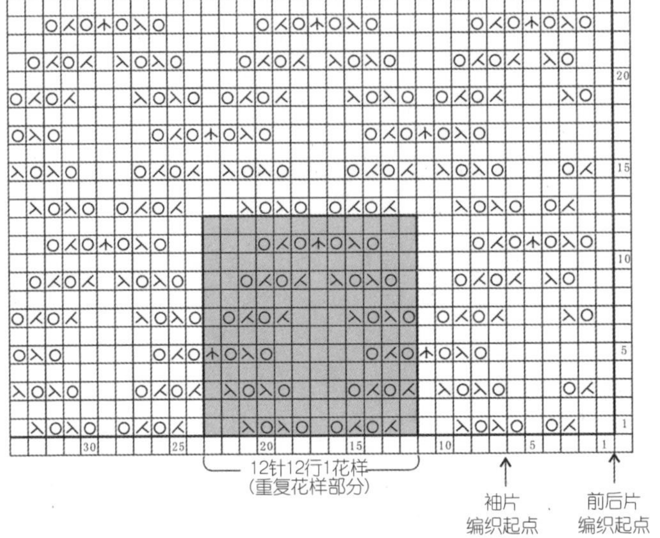

袖片加针花样

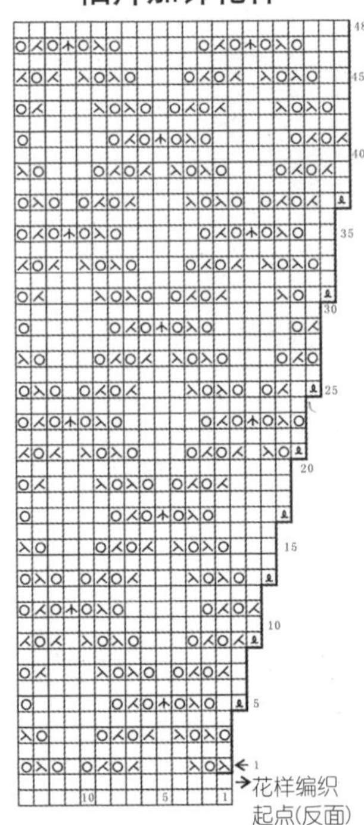

前领窝及斜肩图解

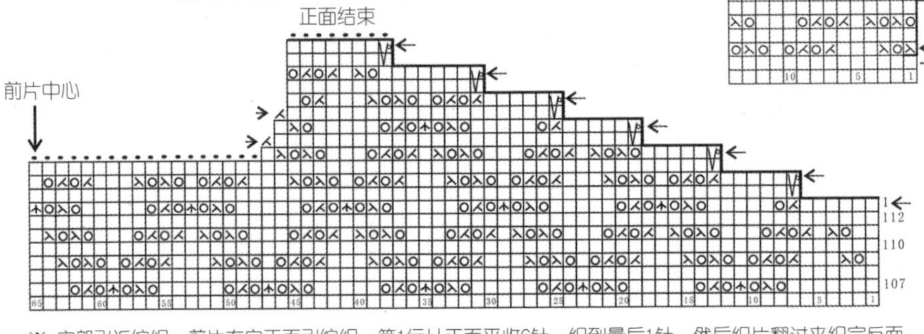

※ 肩部引返编织：前片左肩正面引编织，第1行从正面平收6针，织到最后1针，然后织片翻过来织完反面第2行。接着第3行从正面平收6针，织到最后，如此类推（前片右肩反面引返）。

符号说明

- ⊟=上针
- ⊡=□=下针
- =中上3针并1针
- =镂空加针
- =左上2针并1针
- =往返编织
- =扭针加针
- =右上2针并1针

单罗纹编织

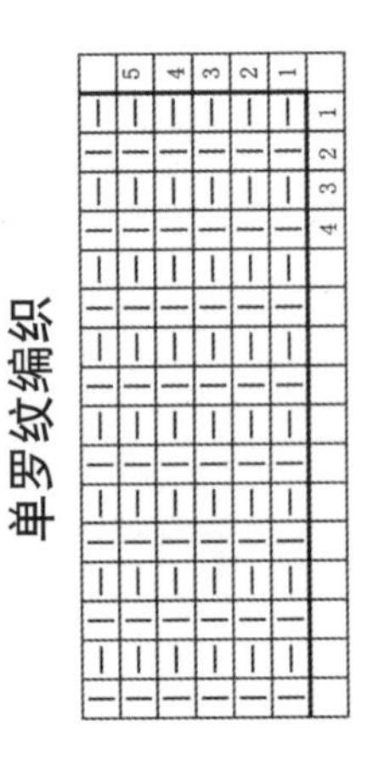

后领窝及斜肩图解

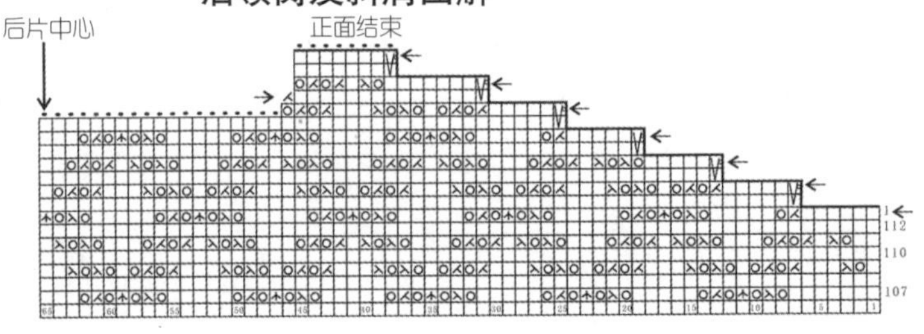

※ 肩部引返编织：前片右肩正面引编织，第1行从正面平收6针，织到最后1针，然后织片翻过来织完反面第2行。接着第3行从正面平收6针，织到最后，如此类推（后片左肩反面引返）。

NO.28 宽松麻花高领毛衣

编织要点

后身片：单罗纹起117针，编织16行单罗纹，第17行开始编织花样。平织108行后开袖窿，袖窿不加不减平织56行后开后领口，后领往上编织4行，结束后身片编织。

前身片：单罗纹起117针编织16行单罗纹，第17行开始编织花样。平织108行后开袖窿，袖窿不加不减平织36行后开前领口，前领往上编织24行，结束前身片编织。

袖片：单罗纹起49针，编织26行单罗纹，第27行开始编织花样，按图解两侧扭针加针到合适的宽度。

缝合：将前、后身片肩线对齐缝合，再将身片左、右腋下对齐缝合，最后将袖片与身片处的袖隆缝合。完成。

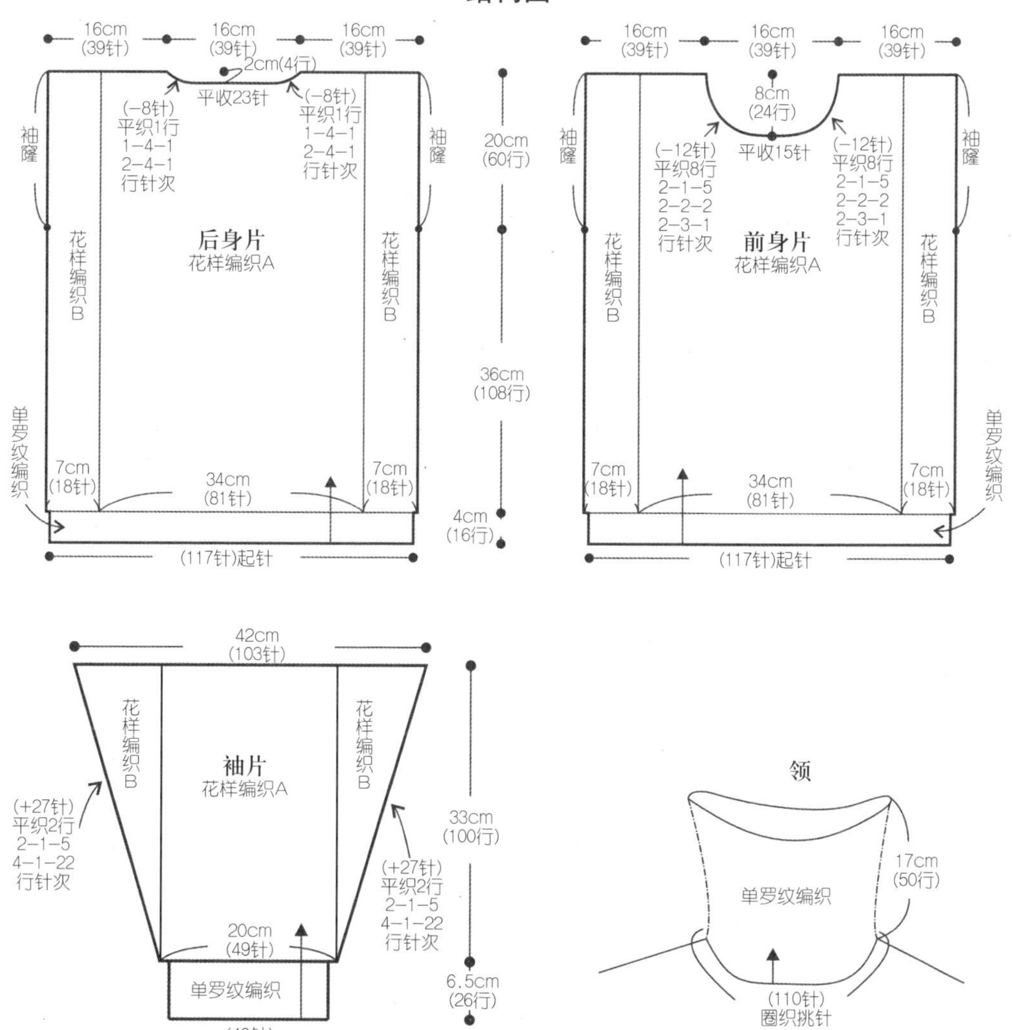

后身片花样编织

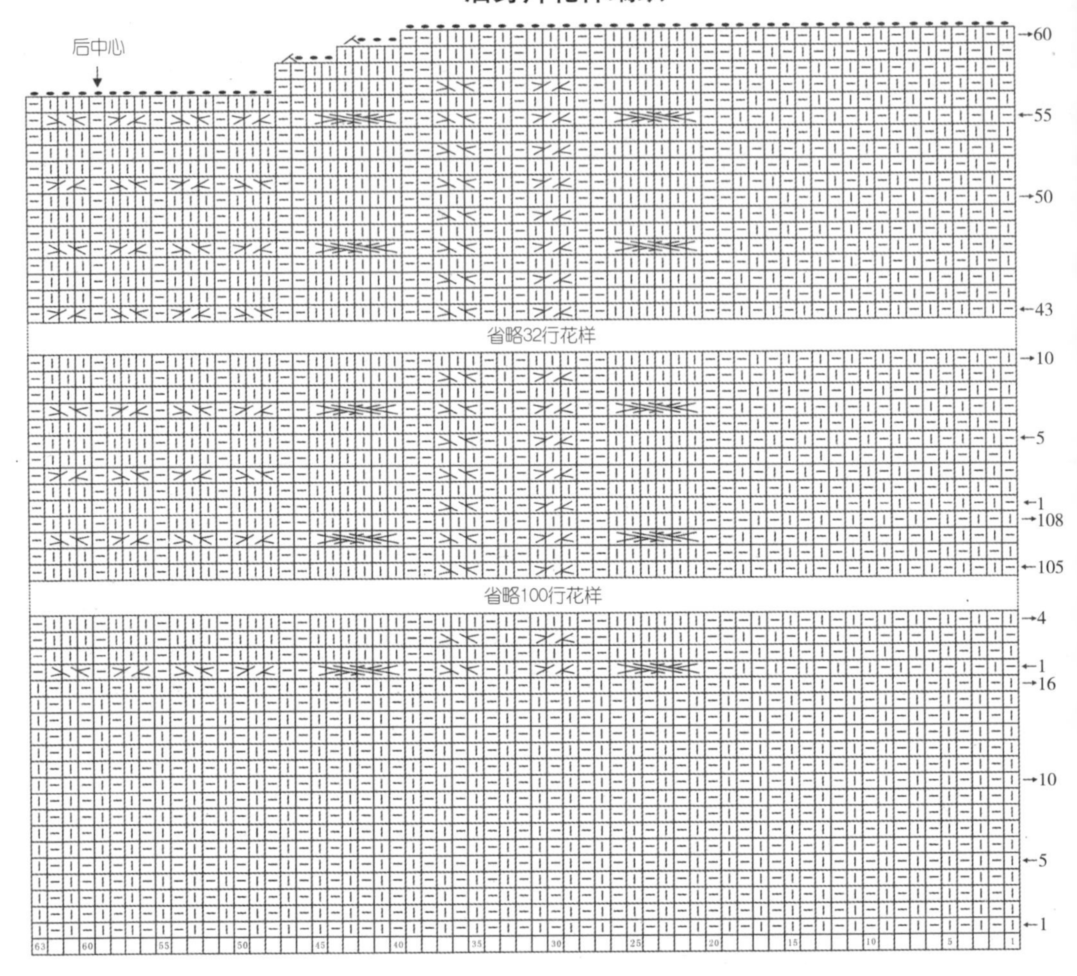

前领口花样编织

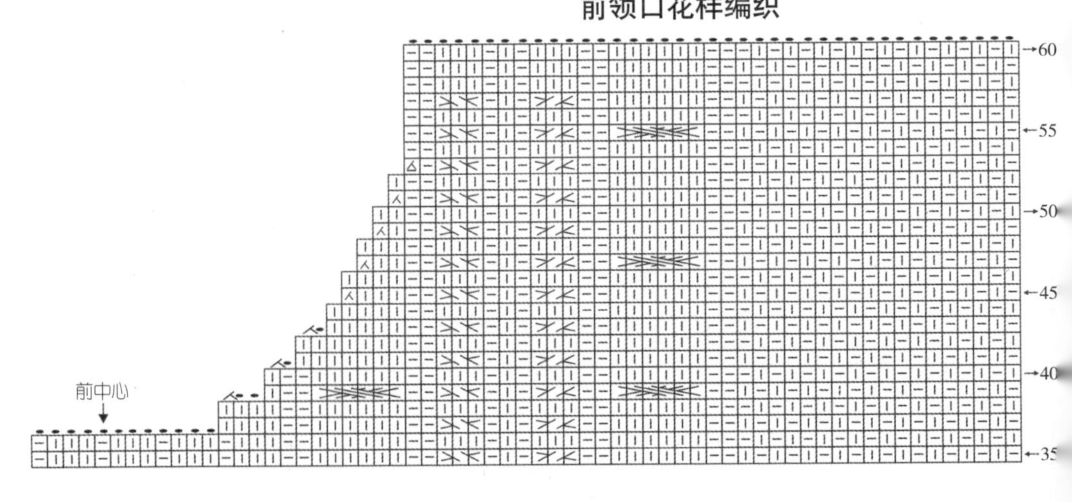

花样编织A、B
花样编织A
花样编织B
※ 两边花样对称编织
中心
袖中心
袖片花样编织
省略24行花样
省略24行花样
省略12行花样
省略22行单罗纹花样
符号说明
=⧠=下针
=上针
=引拔针
=左上2针并1针
=右上2针并1针
=左上2针并1针(上针)
=右上2针并1针(上针)
=下针扭针加针
=上针扭针加针
=下针左上2针与右下1针交叉
=下针右上2针与左下1针交叉
=下针右上3针交叉

NO.29 大V领蓝色夹花开衫

编织要点

前、后身片：用5.5mm棒针起针，编织8行单罗纹B后，换6.0mm棒针编织，后身片只编上针，前身片编上针和枝形花样。编织56行上针后，开始收大V领，31行后与织片同时收腋下，37行后织斜肩。

袖片：用5.5mm棒针起38针，圈织10行单罗纹B后，按图解两侧各减1针，开始织上针，共19行。再按图解加针，加针位置在左、右边缘2针内侧。

口袋：左（右）前片正面朝上，下摆位于上端。用6.0mm棒针从距离左（右）衣襟9.5cm处，在下摆单罗纹结束后的第1行上针行处挑18针，再用绕圈法加1针，共19针。按图解编织，最后在反面收针。

衣襟：用5.5mm针从右下摆开始，沿右衣襟挑92针，再沿后领窝挑23针，沿左衣襟挑92针至下摆。共207针单罗纹编织B，最后，用单罗纹收针法收针。

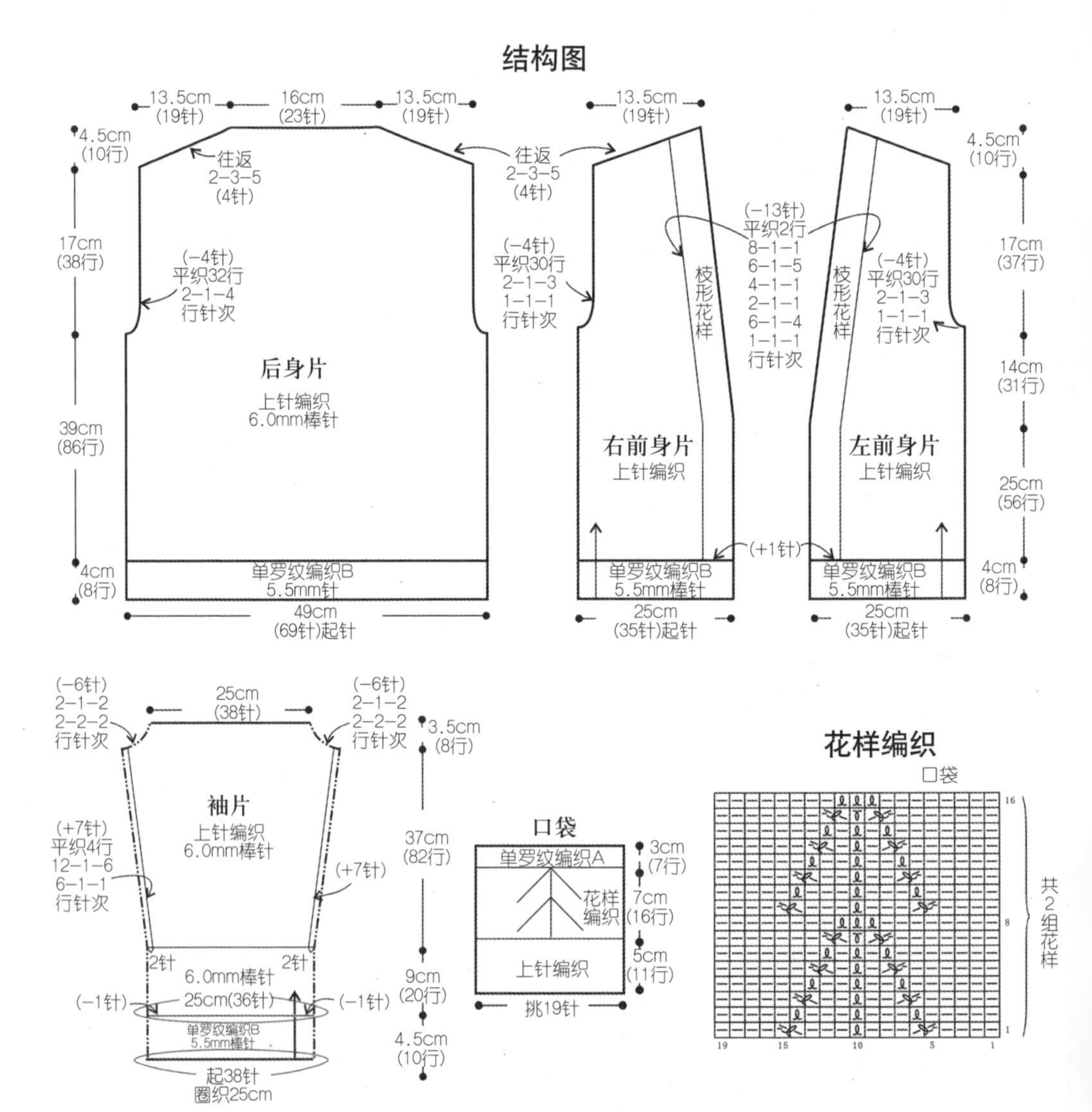

衣襟

4.5cm(10行)

挑23针

单罗纹编织B

挑92针

挑92针

8针

8针

8针

8针

4行

5针

单罗纹编织A

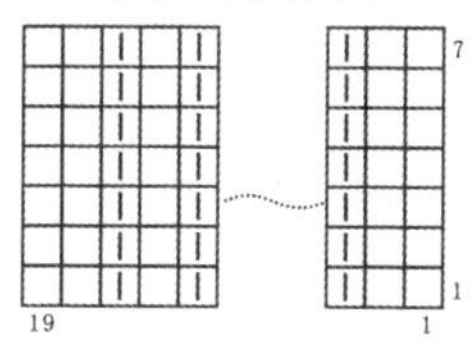

单罗纹编织B

下摆及袖口

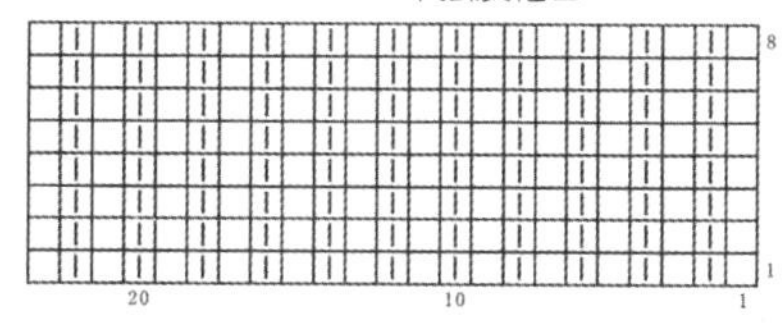

花样编织

右前身片

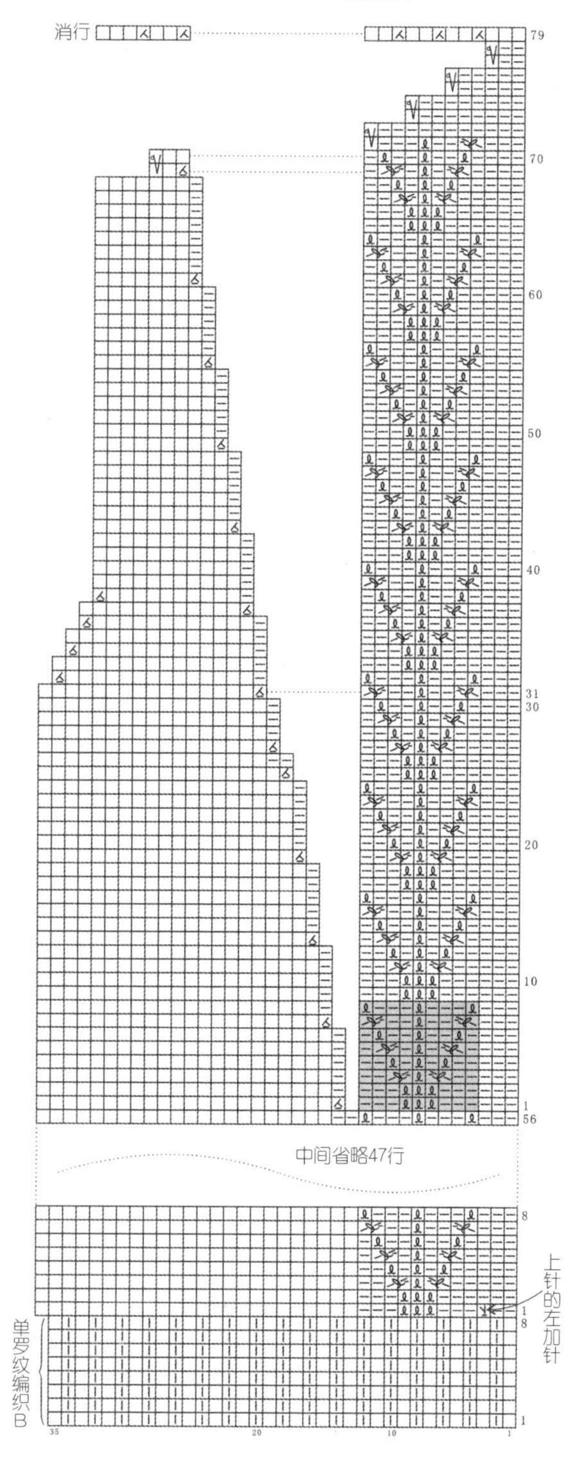

符号说明

- ⊟ = ☐ =上针
- ⊞ =下针
- =往返编织
- =上针右上2针并1针
- =上针左上2针并1针
- =扭针
- =上针的左加针
- =右上扭针与1针上针交叉
- =左上扭针与1针上针交叉

后身片花样编织

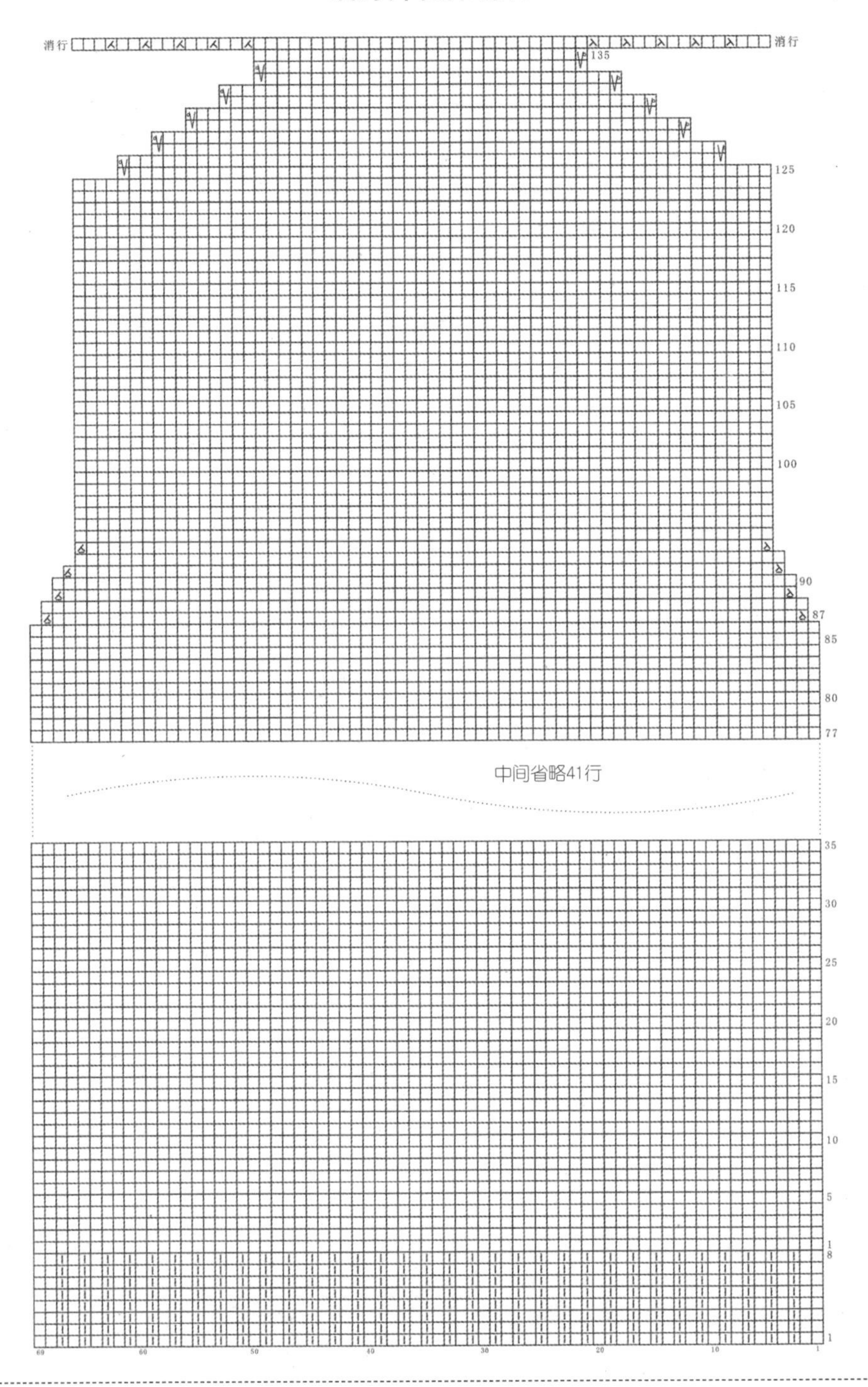
消行
消行
135
125
120
115
110
105
100
90
87
85
80
77
中间省略41行
35
30
25
20
15
10
5
1
8
1
69
60
50
40
30
20
10
1

符号说明
=上针
=下针
=往返编织
=上针右上2针并1针
=上针左上2针并1针

NO.30 简约长款平针毛衣

编织要点

育克：用4.5mm棒针从领口起针开始往下织，育克部分按照图解进行分散加针。共加188针后，在中心织1针扭加针，再织1行平针。

分针：分袖片，按照图解分别将前、后片及袖片的针数分到相应的棒针上，腋下左、右各加10针。然后将身片部分连起来圈织，织到一定长度换3.75mm棒针，织14行单罗纹收针。将分出来的袖片针数和腋下左、右各挑起的10针一起编织，并按袖片图解减针。织38cm后换3.75mm棒针，再织14行单罗纹收针。

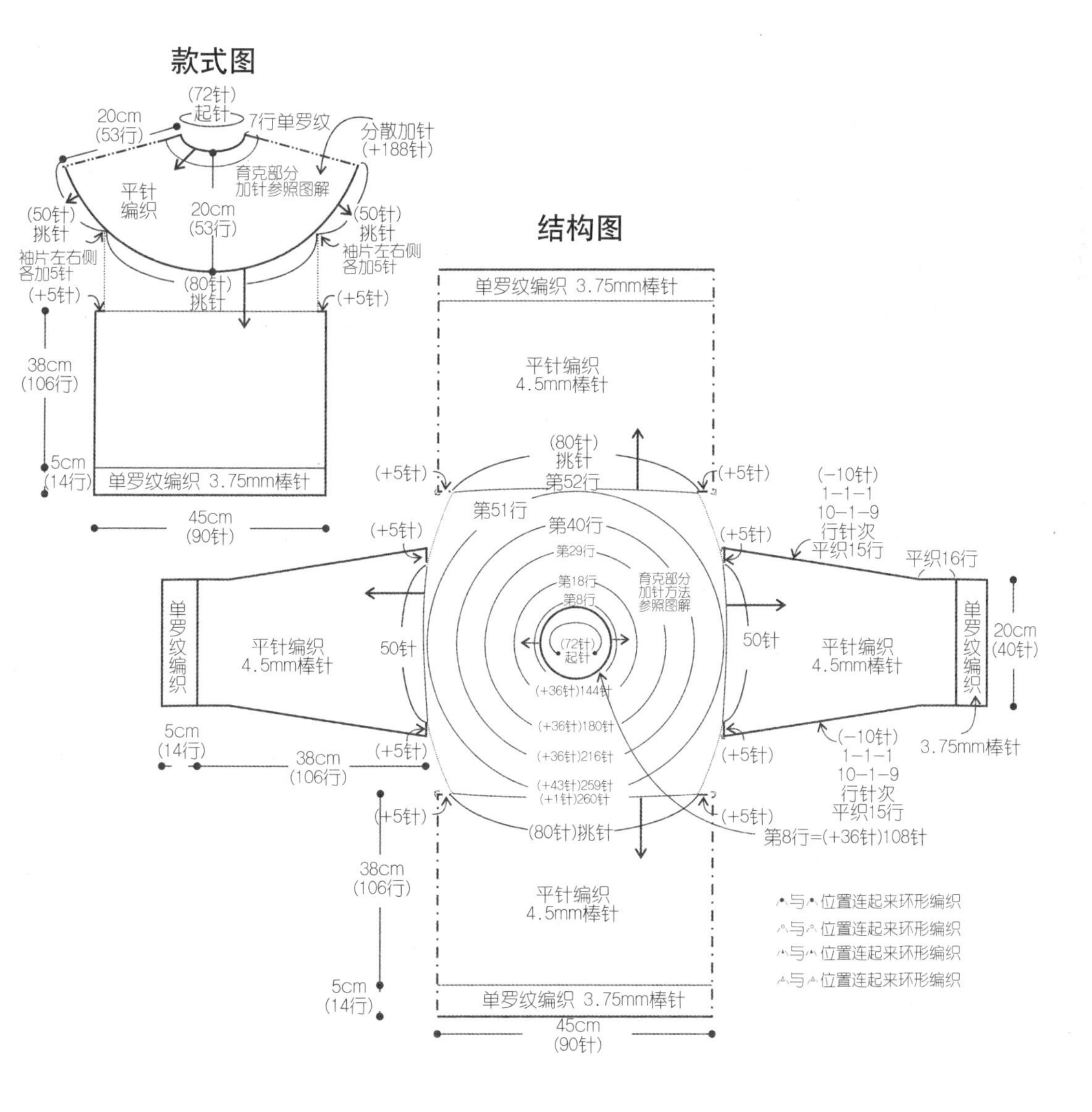

育克部分花样图解

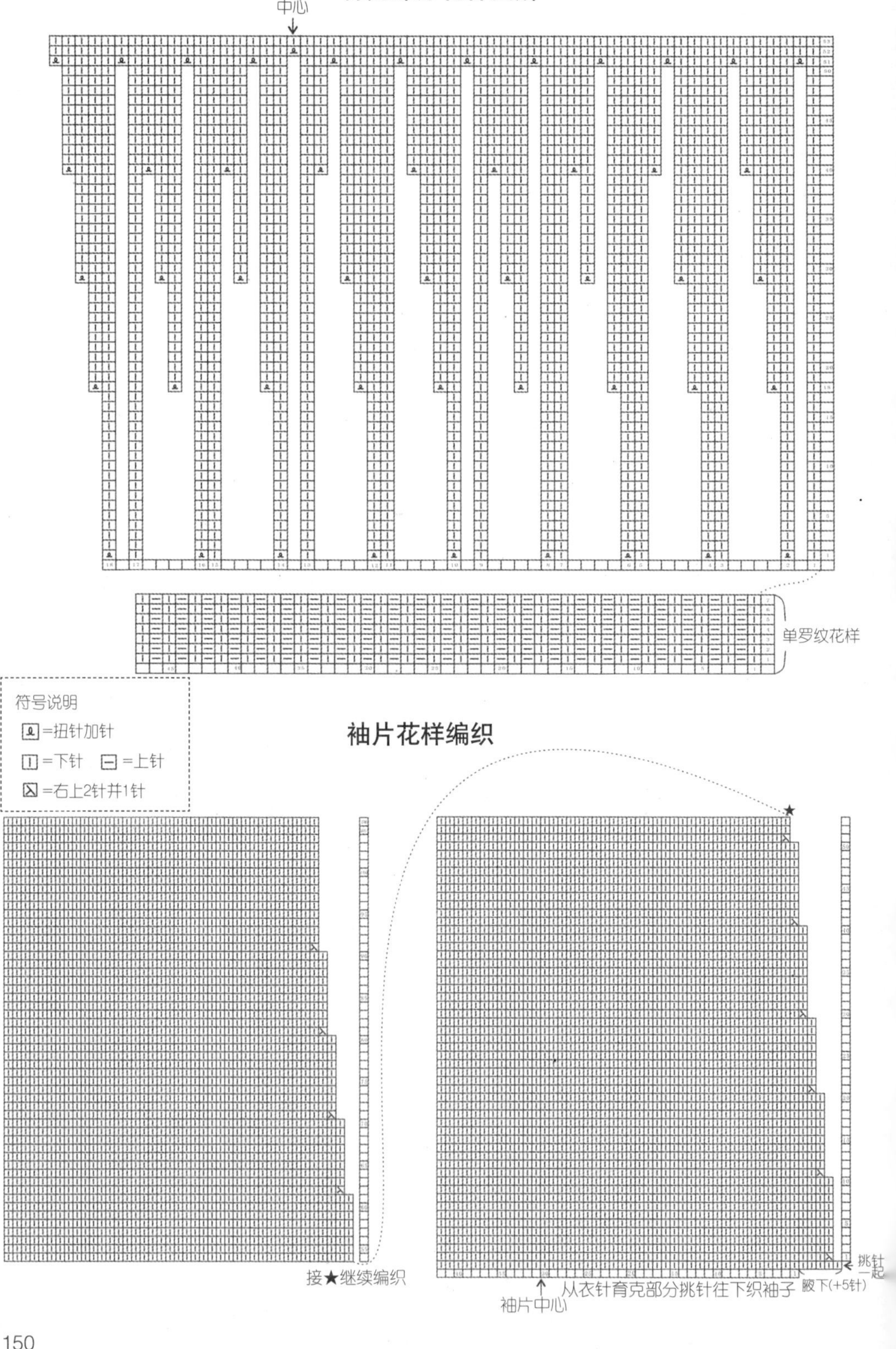

中心
单罗纹花样
符号说明
=扭针加针
=下针
=上针
=右上2针并1针
袖片花样编织
★
接★继续编织
挑针一起
从衣针育克部分挑针往下织袖子
腋下(+5针)
袖片中心

NO.31 杰西卡大口袋开衫

编织要点

身片：衣服从领口起针往下织，用4.0mm棒针起71针，然后按图解分配各部分针数并按图解加针（在记号扣左右各1针的位置加针，共加29次x8针=232针。接着，正面平针织到记号扣前1针时右加1针，织1针平针。滑过记号扣，用全平针织到下1个记号扣处，滑过记号扣织1针平针，1针左加针。织完后片针数到记号扣处前1针右加1针，织1针平针。滑过记号扣织到下1个记号扣处，滑过记号扣织1针平针，再左加1针。以下针织完这1行，1行加4针，共重复3次，加12针）。一起加到315针后，将袖子的70针另线穿起，腋下左、右各加5针圈起织正身。正身腋下织到33cm处均匀加5针，接着换3.5mm棒针，织18花样反面结束收针。

袖片：将另线穿起的袖片70针左右再各加5针，一共80针圈织。一起织122行平针，再织22行单罗纹结束。

衣襟：用3.5mm棒针按图示挑326针，织18行双罗纹结束。

口袋（2片）：用4.0mm棒针起35针，织22行平针后，再织编织花样12行，最后织2行上、下针，用平针法收针。结束。将口袋缝合到下摆花样A上沿的位置。完成。

结构图

95cm(200针)整圈
蕾丝花样
前、后身片此圈共(+5针)
6cm(18行)
33cm(96行)
54.5cm(115针)
平针编织 4.0mm棒针
50cm(105针)
(+5针)
(−16针) 8−1−15 2−1−1 行针次
(+32针) 2−1−32 平织6行
(+29针) 2−1−29 平织6行
22cm(64行)
19.5cm(41针)
(71针)起针
各3针
5.5cm(12针)
33cm(70针)
38cm(80针)
圈织
单罗纹编织
平针编织
单罗纹编织 3.5mm棒针
48针
6.5cm(22行)
42cm(122行)
16.5cm(35针)
19cm(40针)
平针编织
口袋
12行
22行
35针
花样编织

口袋
4.0mm棒针
2行上、下针
花样编织 12行
平针编织 22行
(35针)起针

衣领挑针示意图

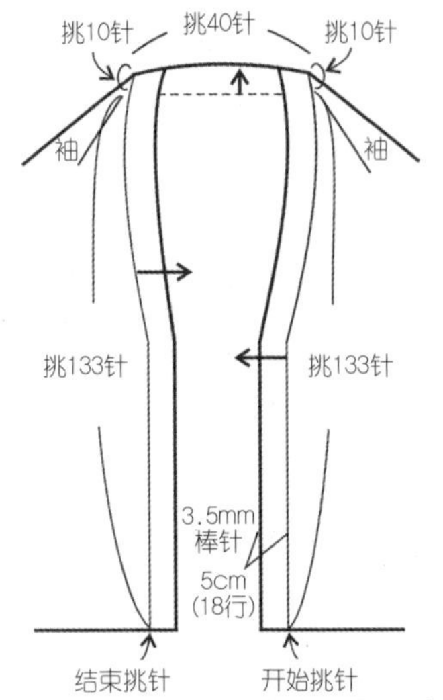

领、衣襟一共挑326针，织18行双罗纹结束。

花样编织

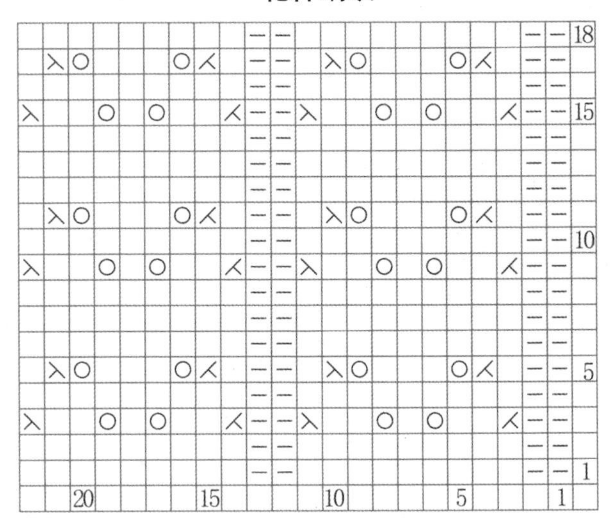

双罗纹编织

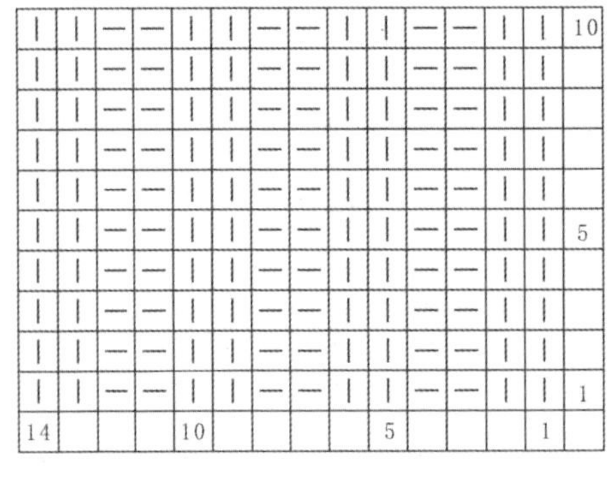

单罗纹编织

丨	—	丨	—	丨	—	丨	—	丨	—	丨	—	丨	—	丨	—	10
丨	—	丨	—	丨	—	丨	—	丨	—	丨	—	丨	—	丨	—	
丨	—	丨	—	丨	—	丨	—	丨	—	丨	—	丨	—	丨	—	
丨	—	丨	—	丨	—	丨	—	丨	—	丨	—	丨	—	丨	—	
丨	—	丨	—	丨	—	丨	—	丨	—	丨	—	丨	—	丨	—	
丨	—	丨	—	丨	—	丨	—	丨	—	丨	—	丨	—	丨	—	5
丨	—	丨	—	丨	—	丨	—	丨	—	丨	—	丨	—	丨	—	
丨	—	丨	—	丨	—	丨	—	丨	—	丨	—	丨	—	丨	—	
丨	—	丨	—	丨	—	丨	—	丨	—	丨	—	丨	—	丨	—	
丨	—	丨	—	丨	—	丨	—	丨	—	丨	—	丨	—	丨	—	1
	15					10					5				1	

上、下针编织

丨	丨	丨	丨	丨	丨	丨	丨	丨	丨	丨	丨	丨	丨	丨	丨	10
—	—	—	—	—	—	—	—	—	—	—	—	—	—	—	—	
丨	丨	丨	丨	丨	丨	丨	丨	丨	丨	丨	丨	丨	丨	丨	丨	
—	—	—	—	—	—	—	—	—	—	—	—	—	—	—	—	
丨	丨	丨	丨	丨	丨	丨	丨	丨	丨	丨	丨	丨	丨	丨	丨	
—	—	—	—	—	—	—	—	—	—	—	—	—	—	—	—	5
丨	丨	丨	丨	丨	丨	丨	丨	丨	丨	丨	丨	丨	丨	丨	丨	
—	—	—	—	—	—	—	—	—	—	—	—	—	—	—	—	
丨	丨	丨	丨	丨	丨	丨	丨	丨	丨	丨	丨	丨	丨	丨	丨	
—	—	—	—	—	—	—	—	—	—	—	—	—	—	—	—	1
	15					10					5				1	

符号说明

- [—] =上针
- [○] =镂空加针
- [丨] = [ ] =下针
- [入] =右上2针并1针
- [人] =左上2针并1针

NO.32 段染凤尾花毛衣

编织要点

后身片：前、后身片分别片织，后身片用2.75mm棒针起158针，织3行上、下针，开始往上织花样A，平织160行后开始收袖窿。按图解收针，斜肩作往返编织。

前身片：前身片与后片相同，按图解完成袖窿和领窝减针后，斜肩作往返编织。

袖片：用2.75mm棒针起76针，织3行上、下针，接着织花样A，两侧用扭针加针。按图解加针至120针，然后开始按图解减袖山。

领口：用2.5mm棒针挑162针圈织3行上、下针，然后织6行平针平收。

结构图

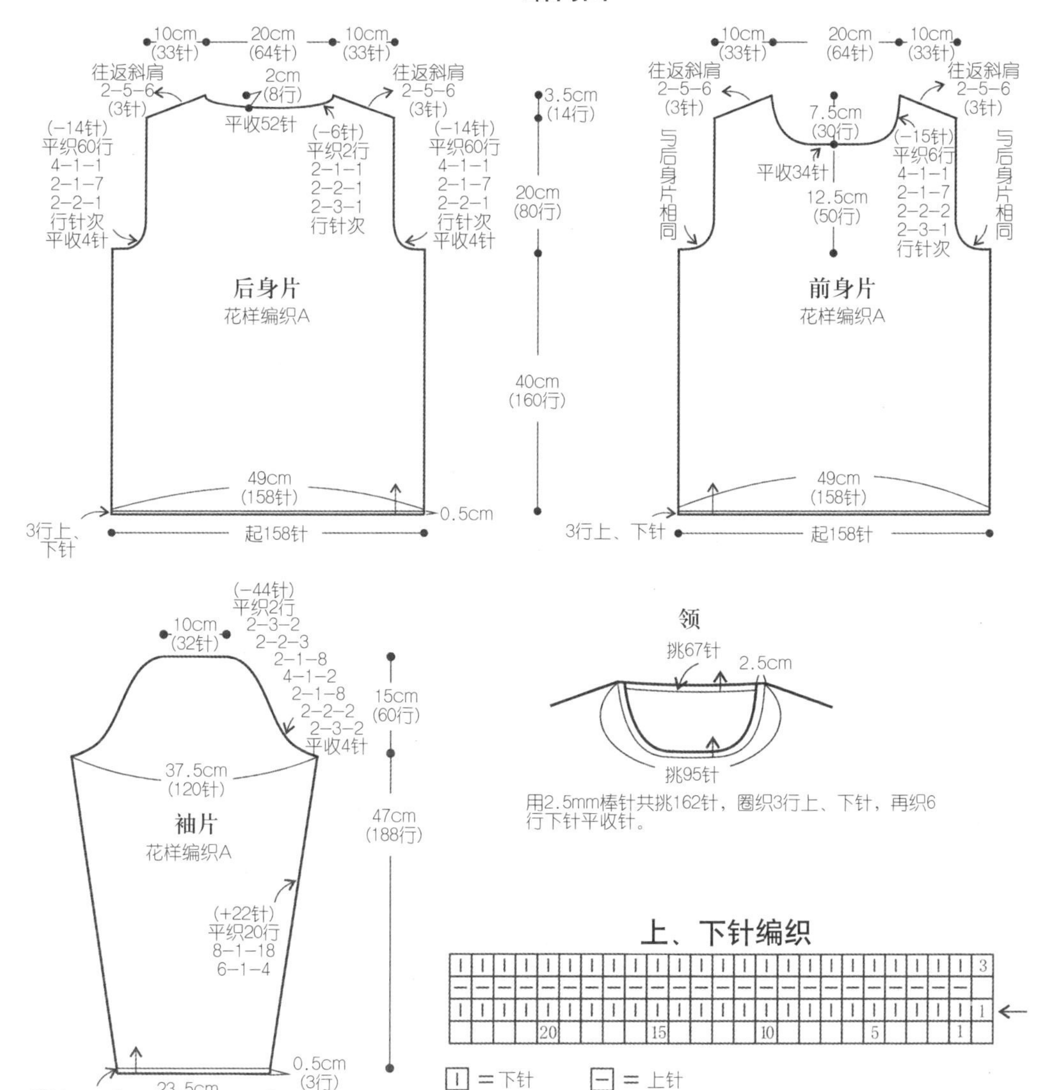

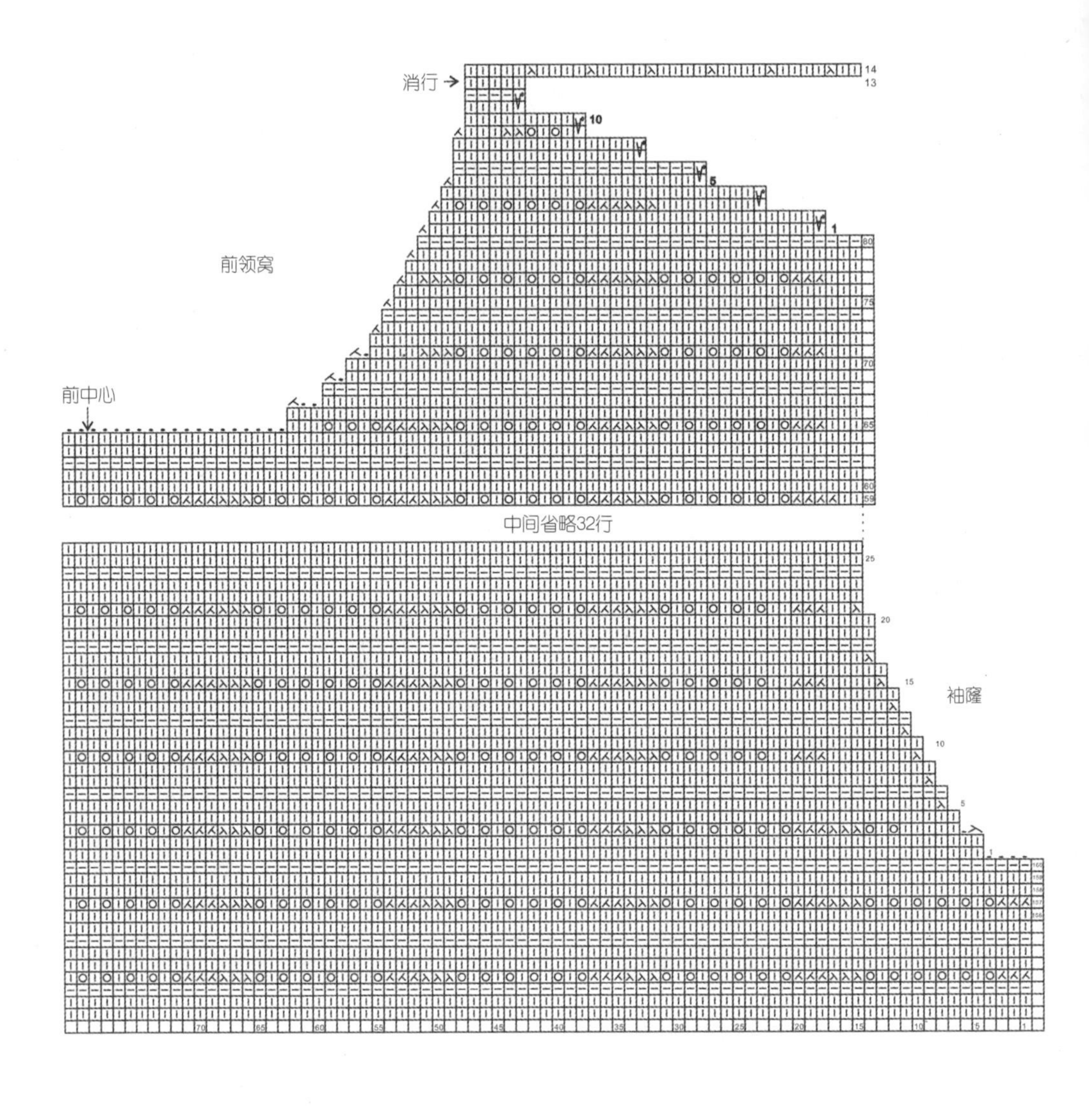
消行
前领窝
前中心
中间省略32行
袖窿

花样编织A

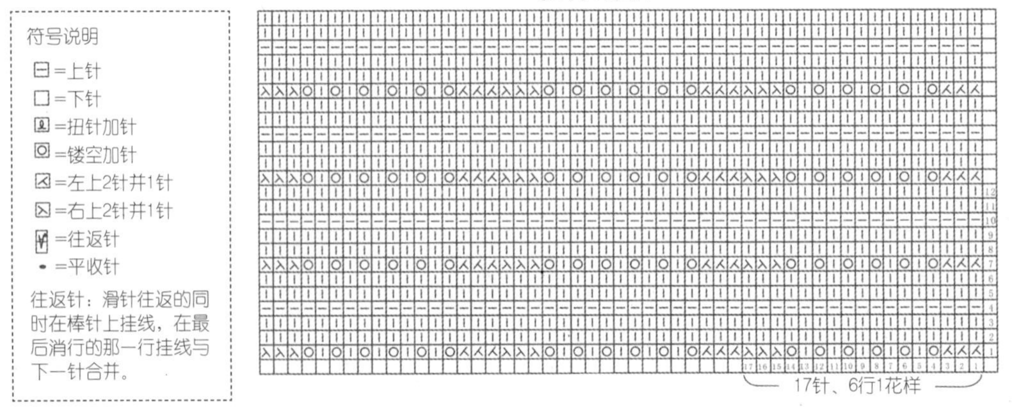
符号说明
=上针
=下针
=扭针加针
=镂空加针
=左上2针并1针
=右上2针并1针
=往返针
=平收针
往返针：滑针往返的同时在棒针上挂线，在最后消行的那一行挂线与下一针合并。
17针、6行1花样

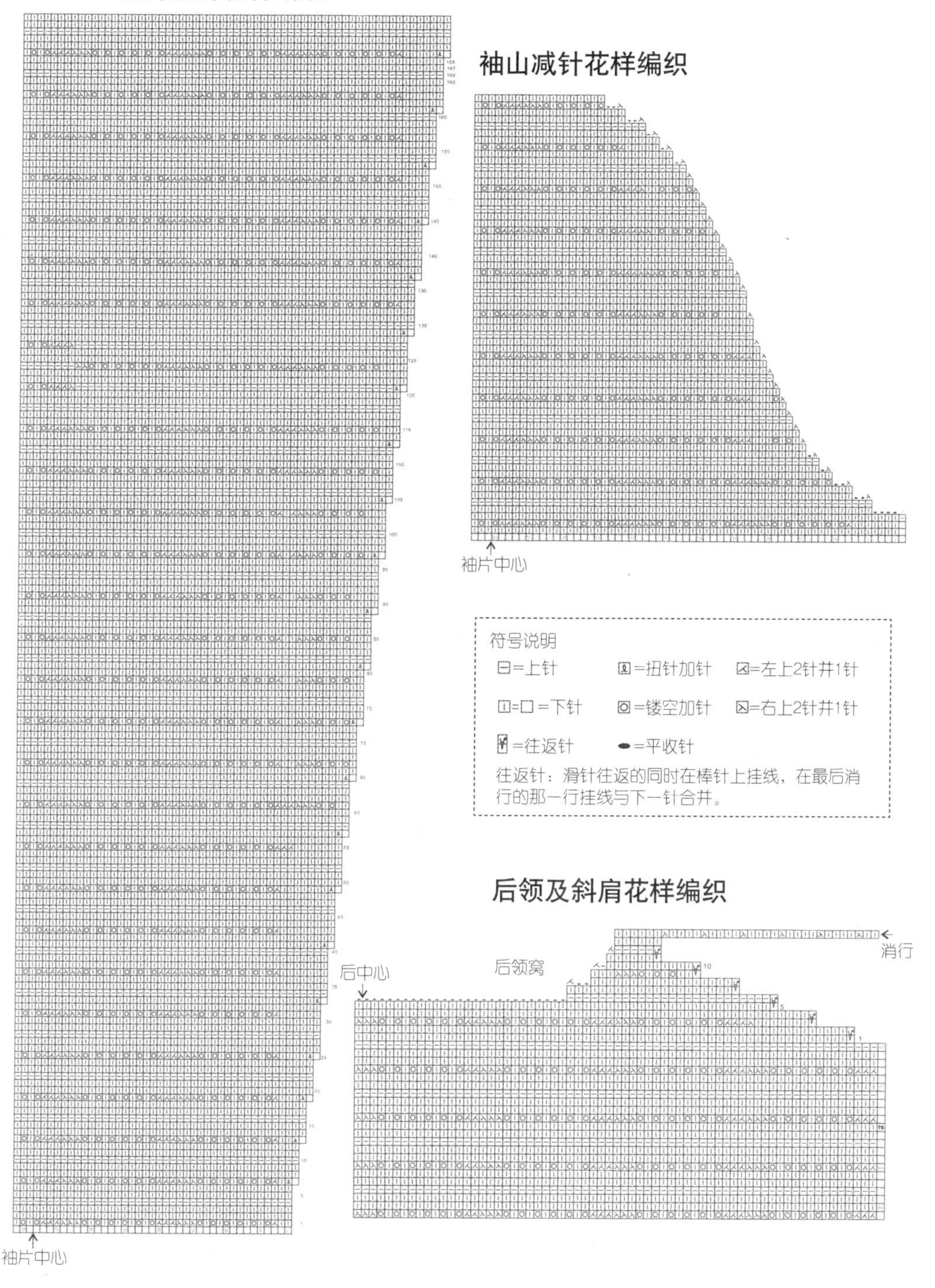
袖片加针花样编织
袖山减针花样编织
袖片中心
符号说明
⊟=上针
⑫=扭针加针
⊠=左上2针并1针
①=□=下针
◎=镂空加针
⊠=右上2针并1针
=往返针
●=平收针
往返针：滑针往返的同时在棒针上挂线，在最后消行的那一行挂线与下一针合并。
后领及斜肩花样编织
后领窝
后中心
消行
袖片中心

NO.33 紫薇波浪摆披肩

编织要点

主体：起5针，按图解从中心开始编织。织完第1～27行，再重复（20～27）行3次；重复（21～26）行1次。然后换3.0mm针，重复（20～27）行3次。最后换3.25mm针，重复(20～27)行4次，接着织28～52行完成披肩主体。

缘编织：不要断线，接着起11针织缘边。一边织一边连接主体部分（起针后，反过来织第2行，第1针滑针，最后1针与主体部分2针并1针连接。接着按图解织完正面第3行，翻过来反面织第4行，第1针滑针，最后1针与主体部分2针并1针连接，以此类推。

结构图

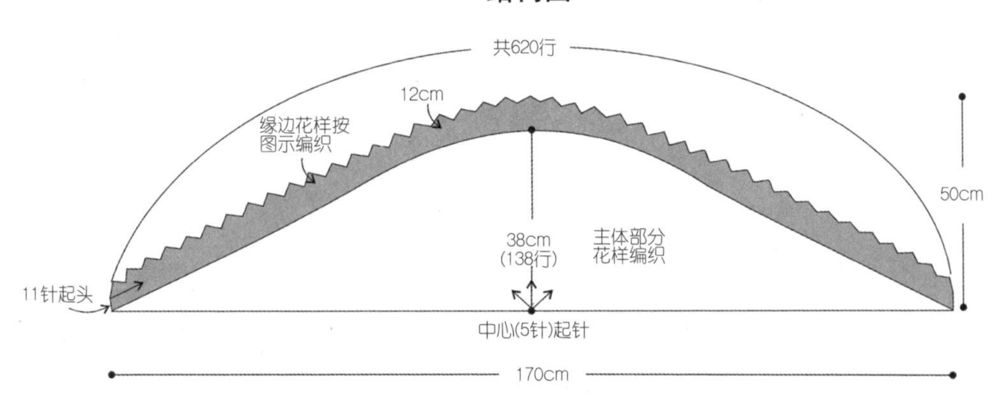

花样编织

主体

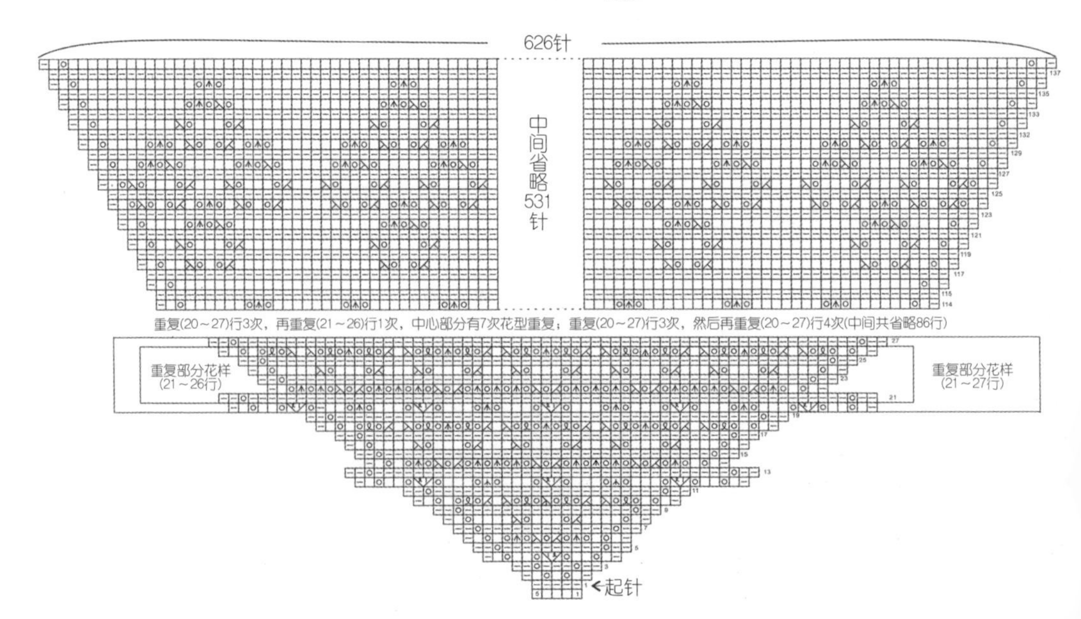

缘边花样编织

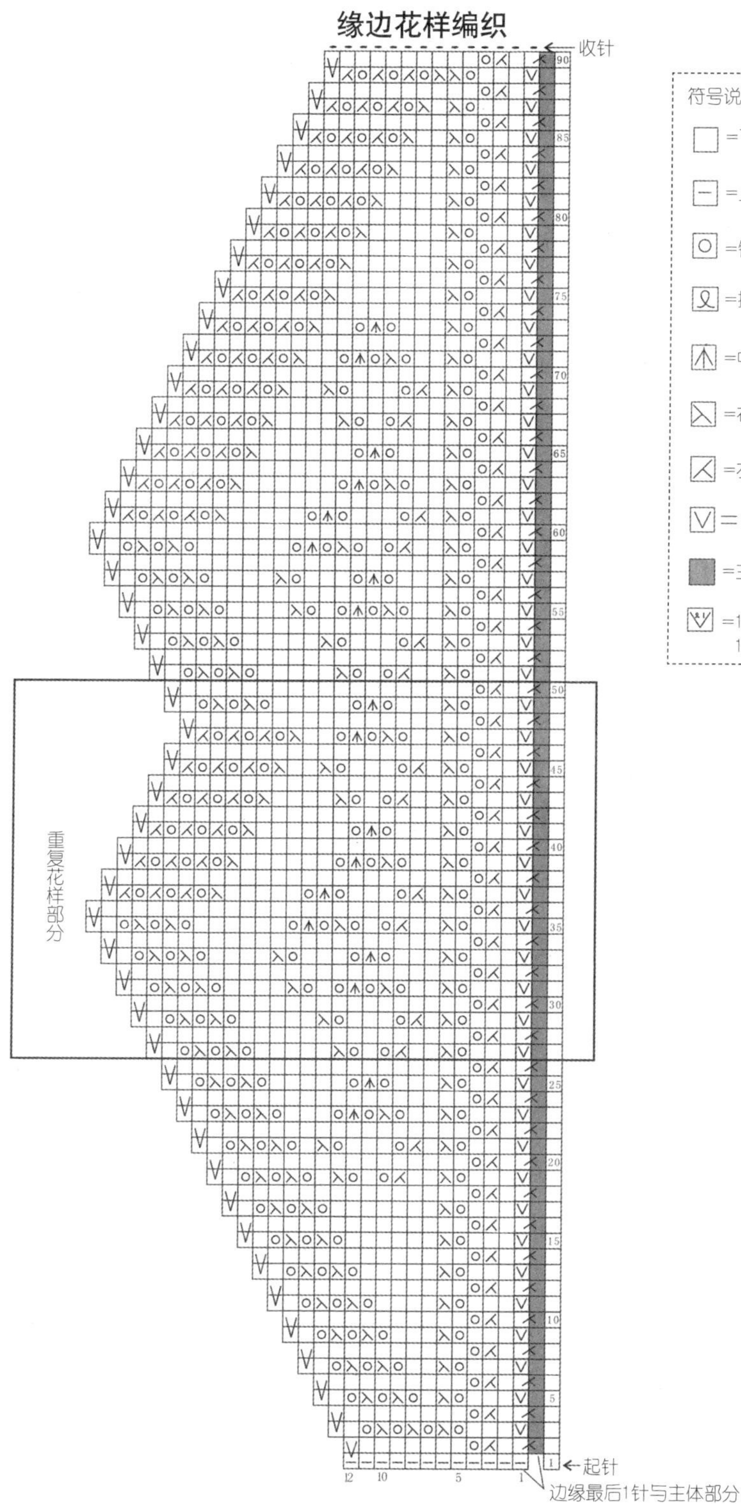

收针
起针
重复花样部分
边缘最后1针与主体部分第1针左上2针并1针编织

符号说明
=下针
=上针
=镂空加针
=扭针
=中上3针并1针
=右上2针并1针
=左上2针并1针
= =滑针
=主体花样最边上1针
=1针里面织出1针下针、1针扭针

NO.34 元宝针围巾、帽子

编织要点

帽子：用7.0mm棒针起48针，圈织6行单罗纹做帽边，主体换成7.5mm棒针织花样A。帽身第23行开始按图解分散减针，织完第27行，用线头将所有针目穿起来拉紧。打结固定线头并缝合帽子。完成。

围脖：用7.5mm棒针的单罗纹起24针，一直编织100行花样B，最后平收，将两头缝合。完成。

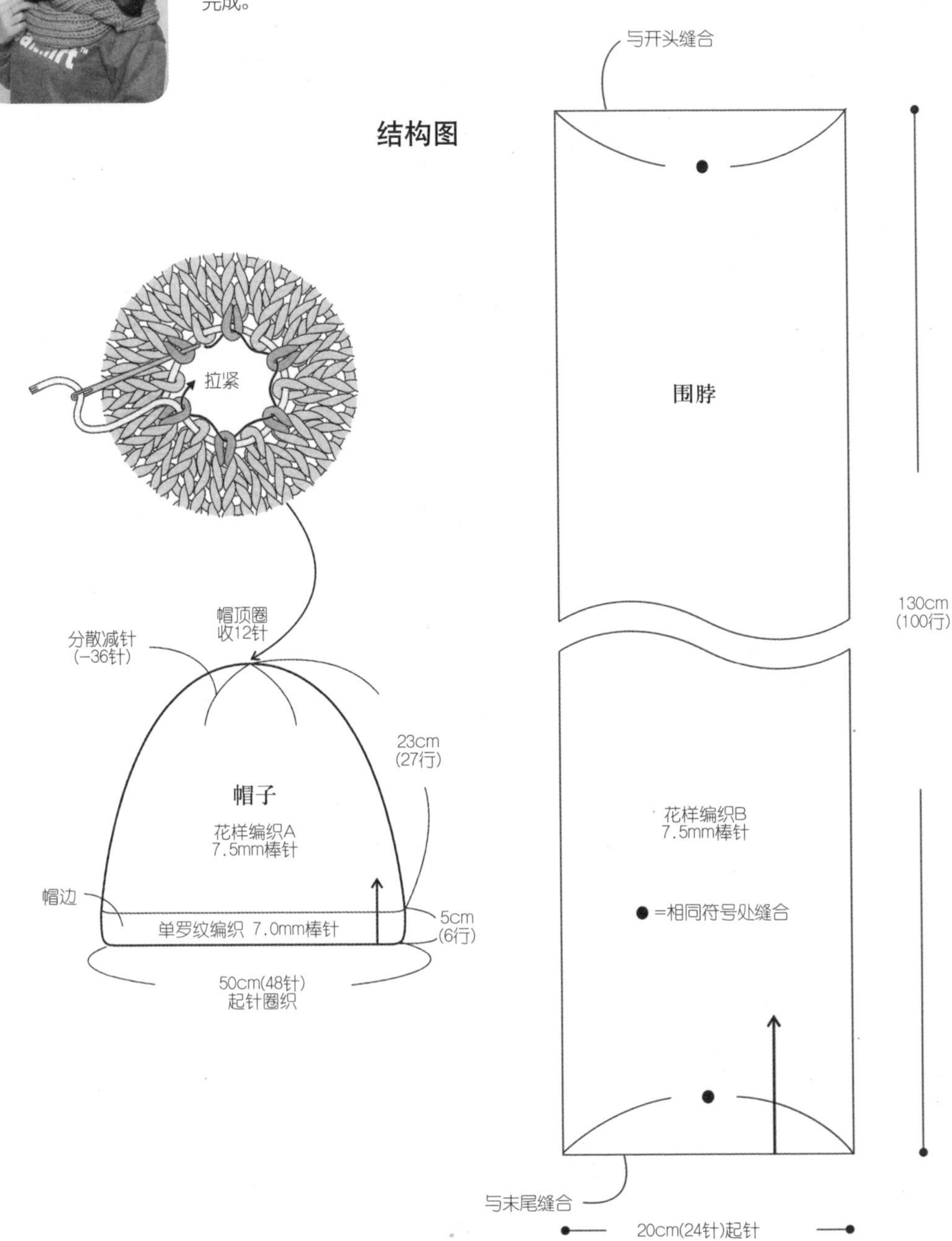

花样编织A

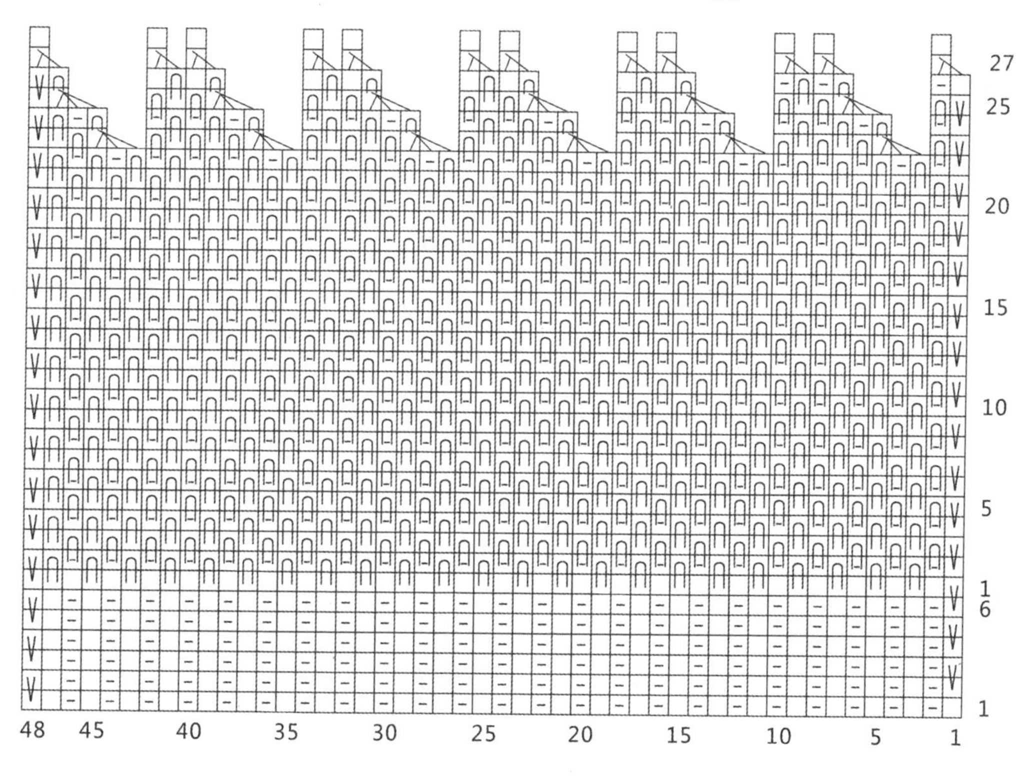
帽子
27
25
20
15
10
5
1
6
1
48
45
40
35
30
25
20
15
10
5
1

花样编织B

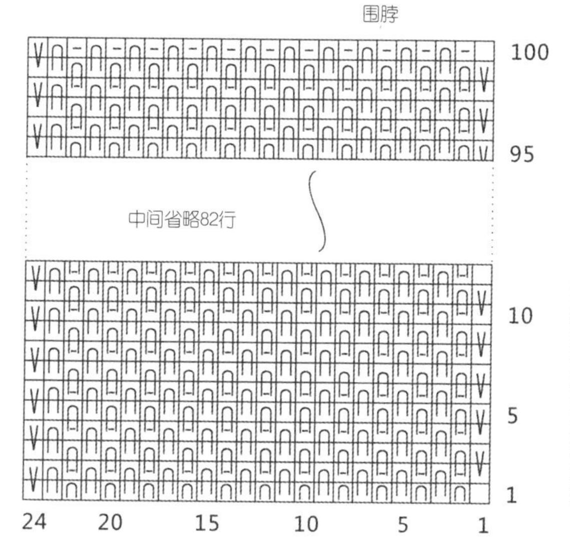
围脖
100
95
中间省略82行
10
5
1
24
20
15
10
5
1

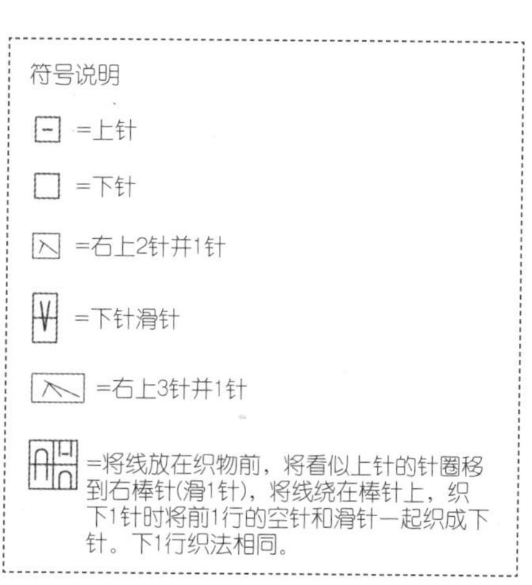
符号说明
=上针
=下针
=右上2针并1针
=下针滑针
=右上3针并1针
=将线放在织物前，将看似上针的针圈移到右棒针(滑1针)，将线绕在棒针上，织下1针时将前1行的空针和滑针一起织成下针。下1行织法相同。

NO.35 姜黄色大麻花围巾、帽子

编织要点

帽子：用7.0mm棒针起76针圈织6行单罗纹，再换7.5mm棒针平织28行花样B，最后按花样B图解所示减针编织2行，余18针，用一根线将针圈穿起，拉紧。

围巾：用7.5mm棒针起33针，编织224行花样A，最后，用平收针结束编织。

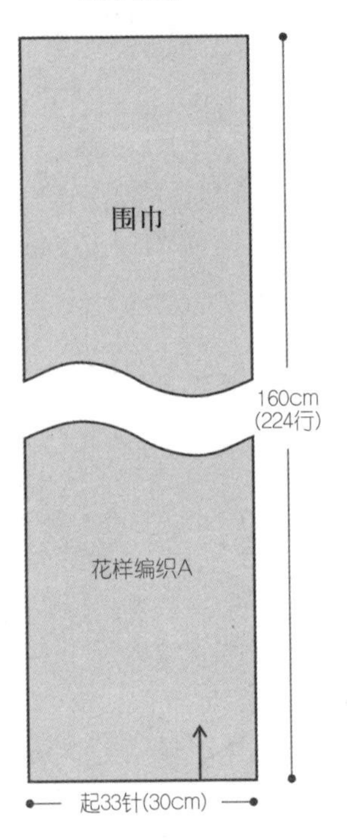

花样编织A

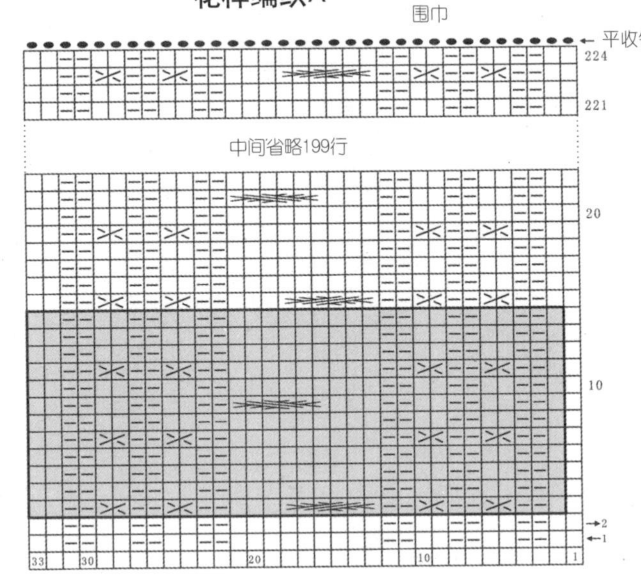

花样编织B

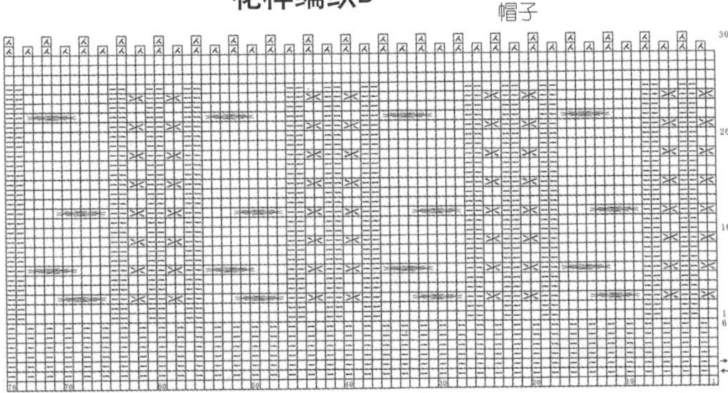

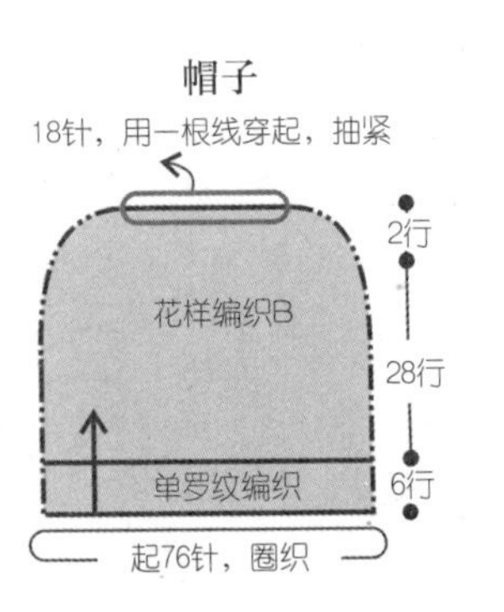

符号说明

- ⊡ = □ =下针
- ⊟ =上针
- ⋌ =左上2针并1针
- =左上1针与右下1针交叉
- =左上3针交叉
- =右上3针交叉